虫虫星球

昆虫的演化与兴盛

[美] 斯科特·理查德·肖 著　雷倩萍 刘青 译

Planet of the Bugs

中国友谊出版公司

图书在版编目（CIP）数据

虫虫星球 /（美）斯科特·理查德·肖著 ；雷倩萍，刘青译. -- 北京 ：中国友谊出版公司，2017.4

书名原文：PLANET OF THE BUGS：Evolution and the Rise of Insects

ISBN 978-7-5057-3996-3

Ⅰ. ①虫… Ⅱ. ①斯… ②雷… ③刘… Ⅲ. ①昆虫－普及读物 Ⅳ. ①Q96-49

中国版本图书馆CIP数据核字(2017)第057779号

著作权合同登记号　图字：01-2017-2214

书名　虫虫星球
著者　[美] 斯科特 · 理查德 · 肖
译者　雷倩萍　刘青
出版　中国友谊出版公司
发行　中国友谊出版公司
经销　新华书店
印刷　北京中科印刷有限公司
规格　710×1000毫米　16开
　　　16.5印张　188千字
版次　2018年3月第1版
印次　2018年3月第1次印刷
书号　ISBN 978-7-5057-3996-3
定价　49.80元
地址　北京市朝阳区西坝河南里17号楼
邮编　100028
电话　(010) 64668676

谨以此书献给我的妻子——玛里琳，感谢她的耐心、支持，尤其是理解。感谢她允许我在冰箱里面保存我的小虫子，没有她的理解我是无法完成这本书的。

图 1. 在墨西哥哈利斯科（Jalisco）查梅拉（Chamela）生物站干旱热带森林斑驳的林下叶层中，一种透翅蛱蝶，绿斑角翅毒蝶（*Siproeta stelenes*）的混隐色提供了极好的伪装。这是属于最大的蛱蝶科的例子，当它们受到打扰时会迅速飞走。

图 2. 你发现它了吗？在树叶上趴着一动不动，这只厄瓜多尔纺织娘的若虫（直翅目，螽斯科）展示了惊人的隐蔽性绿色。（安吉拉 · 奥克斯纳 [Angela Ochsner] 拍摄）

图 3. 在夜晚多藓的厄瓜多尔云雾森林中潜行，这只伪装极佳的捕食性螳螂若虫（螳螂目）在捕猎时，常常使用其隐蔽色制胜。（安迪 · 夫斯基 [Andy Kulikowski] 拍摄）

图 4. 在普通场景中躲藏着一只十分隐蔽的纺织娘，它展示了另一种方式的伪装：通过模仿树皮的颜色很好地适应了在墨西哥哈利斯科（Jalisco）查梅拉（Chamela）生物站漫长干旱季节的生活。

图 5. 看起来很有能力可以迅速跳离危险，这只厄瓜多尔短角蚱蜢（直翅目，蝗科）在厄瓜多尔亚那亚库生物站中（Yanayacu）过着舒舒服服的生活。

图 6. 贪婪捕食其他昆虫的猎蝽（同翅目，猎蝽科）通过它的刺吸式口器刺穿其猎物并吸取美味的汁液。（安吉拉·奥克斯纳 [Angela Ochsner] 拍摄）

图 7. 总是待在一个地方，以树液为食的沫蝉若虫（同翅目，沫蝉科）在自己的身体周围覆盖了大量气泡带状的蜜汁。这一厄瓜多尔种在进食时可能需要防御性化学物质，因为它也展示了亮丽的警戒色。（安吉拉·奥克斯纳 [Angela Ochsner] 拍摄）

图8. 阳光午后，这些涅莱乌斯黑珍蝶(*Altinote neleus*)(蛱蝶科)通常会在亚那亚库生物站(Yanayacu)的泥潭路边聚集。或许由于具毒性和具有伪装色而使它们极度自信，你可以将它们捡起放在手中，它们就会从其亮色的腹部排出橙色的有毒液体。虽然它们在对抗天敌方面演化得很好，但它们还没有适应现代世界的生活，经常被路过的汽车辗轧。(安吉拉·奥克斯纳 [Angela Ochsner] 拍摄)

图 9. 很少能在白天看到哈氏鱼蛉（*Corydalus hageni*）（广翅目，鱼蛉科），巨型长颚状的雄性个体有时会向亚那亚库生物站（Yanayacu）的光源飞去。

图 10. 一对色彩鲜艳的龟甲虫（鞘翅目，叶甲科）展示了体甲的正确组合，防御性化学物质和警戒色，在厄瓜多尔云雾森林悠闲地吃着叶片。叶甲是在新世界热带地区的植食动物中最为成功的类群。（安吉拉·奥克斯纳 [Angela Ochsner] 拍摄）

图 11. 这只虫子一定要小心地拿着！天蚕蛾的毛虫（天蚕蛾科）展示了它的防卫机制：脆弱的空心刺中含刺激性的有毒化学物质。这一方式很好地保护了毛虫免遭鸟类或其他脊椎动物的捕食，但对小型胡蜂和蝇类的寄生却没有作用。

图 12. 腹肌尺蚕蛾（*Automeris abdominals*）的大型成虫是亚那亚库生物站（Yanayacu）光源的常客。白天它们休息时，褐色的前翅盖在后翅上，这使得它们与落叶十分相似。当被打扰时，它们就会展示出具大眼斑的亮丽后翅，这可能会引起捕食性鸟类的惊恐反应。（安吉拉・奥克斯纳 [Angela Ochsner] 拍摄）

目　录
contents

目　录
contents

序言：昆虫的一场时光旅行

光阴飞似箭，果蝇爱香蕉。

格罗克·马克思（Groucho Marx）

十月的一个午后，我正沿着一条铁轨漫步于哥斯达黎加生物保护区的圣拉蒙热带雨林，思考着时间的本质，还期待着能拥有一架时光机器去旅行。由于地球上的热带雨林不具有明显的季节性，因此，你无法通过观察周围的苔藓植物来判断你所处的年份、月份或日期，它们似乎能发出一道古老而永恒的光环，使我们感觉穿越了时光隧道来到了数万年、数百万年甚至数亿年前。植物和真菌腐烂的气味弥漫在整个潮湿的空气中，可以毫不夸张地说，虫虫们已经爬满了整个森林。众多的小苍蝇和虫虫们，在我脚边的林地上享受着掉落下来的水果大餐。这些都让我回想起格罗克《容易事》里的一句经典妙语：“果蝇爱香蕉。”

伴随着雨林中青蛙、螽斯、蟋蟀和蝉的大合唱声，我的靴子扑哧扑哧地蹚过了泥泞的小路。圣拉蒙雨林中的雨一如既往地下了一整天，小路上变得泥泞不堪，到处都是水。小径旁的朽木上长出一朵朵野生蘑菇，银白色的水珠轻轻地滚落到菌盖的边缘，短暂闪烁了一会儿便滴落到了地上。到处都是各种水声，它们在河中布满青苔的岩石上汩汩流淌，在无名的溪流里喋喋不休。薄雾依然笼罩着森林，翠绿的植物形成的斑驳绿影在雨滴的映衬下闪闪发光。圣拉蒙森林中遍布苔藓、地衣和蕨类植物，它们像海绵般吸收着丰沛的雨水，之后逐渐缓慢地将水分释放出去。在树冠层顶部，凤梨科植物通过它们下凹的叶片基部收集雨水，为大量树蛙、蝾螈和各种水生昆虫提供赖以生存的微型水池。雨林中到处都在滴水。

一直在泥泞湿滑的小径上行走，每一步都小心翼翼，也许我应该少做点白日梦。圣拉蒙热带雨林中生存着成千上万种昆虫，其中许多种类还有待发现。雨林中还生活着许多毒蛇，有些是致命的，我和印第安纳·琼斯（Indiana Jones）一样很讨厌蛇。尽管如此，我还是十分愉快，因为雨林中到处可以发现迷人的植物和昆虫。然后，在过了一个拐弯走下汩汩溪流边的一段缓坡后，我意外地发现了一小株野牡丹。在距地面4英尺（1.2米）高的一片野牡丹叶片上，我发现了我的时光机器。它大约3英寸（7.6厘米）长，深红褐色，长有一对长而弯曲的触角，被雨后的露珠装点得格外漂亮。它趴在叶片上纹丝不动，非常安全，被六条多节的腿支撑着，稳若泰山。我的时光机器其实是一只天牛。

随着圣拉蒙森林的雨越下越大，大量水珠从这只天牛身上流淌下来。它坚硬的外骨骼盔甲可以防止雨水渗入。甲虫的身体构造与我们人类完

哥斯达黎加圣拉蒙森林的一场雷雨后，一只天牛（天牛科）正趴在一片野牡丹的叶片上。

全不同，它们具有坚硬的外骨骼而不是我们这样的内骨骼。这样的外骨骼和多分节的足，让我们遥想起 5.41 亿年前的寒武纪浅海。那时空气中的氧含量比现在要高，动物新陈代谢能力加快，海洋捕食者也变得更加凶猛和险恶。相应的，所有现生节肢动物（包括昆虫及其近亲）的共同祖先演化出了外骨骼，以此抵御环境和捕食者的伤害，并附着肌肉以提高它们的机动性。它们还演化出了多分节的足，这对防御捕食者尤为有效，同时还可以用来采集食物、交配和传粉。这两个特征从此流行起来，一直保持至今。

虽然这只天牛在叶片上一动不动，但是通过仔细观察，我发现它的腹部在轻微地起伏伸缩。因为这只天牛正在呼吸。在它身体两侧有一些微小的孔洞（气门）可以让空气分子进入身体。如果我们可以把身体缩小到只有几微米，我们就可以跟随着氧气分子一起旅行，通过天牛的气门进入一连串的大管子（气管），最后进入分支到各个方向的一连串小管子（微气管），这些小管子后来变得越来越细小并一直延伸到昆虫身体的每一个细胞。甲虫能呼吸空气这一事实告诉我们，节肢动物的祖先在 4.44 亿年前的志留纪时期就首次登陆成功，并演化出了一套可以呼吸空气的气管呼吸系统，这一系统被所有的昆虫沿用至现在。沿用这一气管呼吸系统的，还包括那些生活在淡水中用鳃呼吸的种类。这一创新性的呼吸器官，确保了志留纪的节肢动物可以离开海洋以躲避海洋中的捕食者，它们还可以在海岸线上搜寻食物，并使用那些未被占据的海滩作为其交配和产卵的安全场所。在晚志留纪发展起来的陆地微型植物群落中，这一特征还使得节肢动物成为第一个繁盛并多样化的动物类群。

我更为仔细地观察了这只天牛。它的身体可以分为三部分：最前端是头，一对像角一样的触须向两侧伸出，一双小小的复眼凝视着我；中间是胸部，上面附着了足；最后面是一个多节的腹部。以上这些特征就可以用来定义一只昆虫了。它们在4.19亿年前的晚志留纪或早泥盆纪时就已经演化出来了。那时陆地上的植物群落变得更加高大和多样，第一批昆虫就在这些遍布苔藓的树下土地上演化出来了。用六足支撑这一行之有效的手段，使它们能在这个星球上站立、行走和奔跑，也使得它们成为一类十分成功的食腐动物。到3.6亿年前的晚泥盆纪时期，跳虫（弹尾虫）、石蛃、衣鱼在腐烂植物聚集区已十分繁盛。这些食腐昆虫的取食习惯产生了许多有机土壤，使得地球上的森林进一步演化并从海岸线向内陆扩张。微型昆虫就这么一步步地跟随着植物群的扩张而向内陆进发。

在这只天牛的后背上有一条细缝，这便是翅膀交汇的地方，所有飞行昆虫的共同祖先是在3.54亿年前的石炭纪时期出现的。在昆虫翅膀出现之前不存在其他任何会飞的动物，没有鸟、蝙蝠、翼龙或是飞鼠，因此，昆虫们在其他生物演化出飞翔能力之前独霸了天空1.5亿年。可以说，飞行这项技能是促使昆虫能够在地球上爆炸性扩散的一个极为重要的原因。拥有翅膀不仅使昆虫们可以不断扩张新的栖息地，还在它们求偶、交配、觅食、躲避敌害和体温调节等方面发挥了重要作用。到了石炭纪晚期，高大的树木已经遍及各个大陆。这是一个遍布奇特飞虫的乐园：条带状、斑点状和网状翅膀的古网翅类（Paleodicytoperas），格里芬蜓（griffenflies）和原蜻蜓类（protodonatans），原始蜉蝣类和各种各样的蜚蠊在树梢振翅飞翔。

开始准备飞行了。于是，天牛将它坚硬、鞘状的前翅向前伸展并打开了它那膜状的后翅。这一类型的翅膀出现于约2.6亿年前的二叠纪时期，而这正是甲虫重要的创新之举。甲虫仅仅依靠后翅为飞行提供动力，而盔甲般的前翅主要是为纤弱的后翅在不使用时提供保护。同时，这对坚硬的前翅也可以为其整个身体提供保护，并使得它们具有流线型的体型便于爬入各种裂缝、树皮、落叶层和木屑中。虽然只能笨拙地飞行，但展开的后翅能帮助甲虫广泛搜寻配偶和食物，并寻找新的栖息地。

一些古老的二叠纪甲虫演化出了十分有效的取食习惯，这个习惯一直被钻木甲虫沿用至今。它们的幼虫钻入长有真菌的枯木中心取食并分解植物组织，这一习性确保它们可以躲避二叠纪至中生代（三叠纪到白垩纪）恐龙时期那些日益增多的娴熟的温血捕食者。在2.52亿年前的二叠纪末期，古大陆间相互碰撞形成了盘古超级大陆，海岸线和海洋栖息地被严重破坏瓦解。这或许就导致了迄今为止最大的一次生物大灭绝事件。大陆栖息地变得越来越炎热干燥，但这却激发了甲虫们的大繁盛。在晚二叠纪时仅仅发现了5个科的原始甲虫类，但到晚三叠纪（大约2.2亿年前）却出现了至少20个科的250种甲虫。在接下来的侏罗纪时期，尽管与饥肠辘辘的恐龙相伴，但甲虫的数量却持续飞涨。到中生代中期已发现至少35个科的600种甲虫。

回到圣拉蒙的小径上，这只天牛再次打开翅膀嗡嗡地飞向附近的一朵小黄花。过了一会儿，它开始慢慢咀嚼起来，慵懒地沉迷于高蛋白的花粉大餐中。在当今世界里，昆虫取食花朵是如此平常，以至于我们忘了从地质历史角度上看这是如此的非比寻常。二叠纪的原始甲虫不可能访问花朵，因为那时花朵还不存在，至少在我们理解意义上的花还不存在。现今占领陆地的显花植物，即植物学家所称的被子植物，直到1.26亿年前的早白垩纪才演化出现。也许就是在那时的某刻，或许正是在一只暴龙或三角龙的身影下，一只古老的甲虫第一次访问了一朵花，它发现花粉原来如此美味可口。晚白垩纪后，伴随着显花植物早期的多样化发展，甲虫种类的丰度又一次暴增，尤其是在许多繁盛至今的植食性甲虫类群中：叶甲类、象鼻虫类、金龟子类、叩头虫类、吉丁虫类和天牛类，天牛科正是我们时光机器所属的类群。

大约 6600 万年前，当一些白垩纪的甲虫正忙着取食古老木兰花中的花粉时，空中的一阵巨响吸引了一头正在附近漫游的暴龙的目光，它目睹了一颗巨大的小行星猛烈向地球袭来。这场灾难导致了恐龙时代的终结，也标志着白垩纪时代的结束。全球寒冬持续了一段时间，不仅杀死了巨大的恐龙，还可能造成许多小型海生动物的灭亡。然而，深埋于腐烂树干中或其他地方的昆虫幼虫却存活了下来，完成了变态过程，勇敢地迈入了没有大型恐龙的新世界。在接下来的数百万年里，这些幸存者中的部分成员生存、演化并繁衍成为如今地球上种类最为丰富的动物类群。

这时，我们的天牛飞入了原始森林中的斑驳绿影中，或许是在寻找同类，而这么做也是为了繁衍后代，把它的生命信息传递下去。它温和的嗡嗡声已经淹没在水滴和雨水声中了。这会儿天牛飞走了，但许多其他虫子还在。我们现在只能估计它们的数量。史密森学会的昆虫学家特里·欧文（Terry Erwin）指出，在现今的热带雨林中有数百万甚至数千万种的甲虫，而它们中的大部分还未被命名。这还仅仅是昆虫纲的一个大目。昆虫的其他种类是超级多样的，比如蛾子、蝴蝶、苍蝇、胡蜂和蝽等。这一超级多样性是新生代丰富的历史遗产。在过去的 6600 万年中，昆虫随着显花植物的繁盛而持续多样化，而我们的热带雨林也成为迄今为止生物种类和生态系统最为复杂和多样化的地方。为什么会出现如此多种类的昆虫呢？为什么它们能称霸陆地生态系统呢？科学研究为我们开启了打开自然奥秘的大门，地球历史上数亿年前昆虫崛起的故事，已然可以被我们知晓。这些信息都写在了岩石、森林和昆虫自身之中，只等着渴求真知的人们来探究和发现。

1. 虫虫星球

让我大吃一惊的是，虽然地球表面的地理信息已经进行了很彻底的探索，每一个小山顶、水域支流和海底山都被命名并标注在了地图上，然而，地球的生命世界却仍然不为人所知。迄今为止，仅仅发现并命名了 10% 的昆虫和其他无脊椎动物种类。

爱德华·威尔森（Edward O. Wilson），《高边疆》（*The High Frontier*）。

万物皆有头有尾，
万事皆有始有终；
那些能正确理解
先来后到的人
才能更接近道

巴里·胡加特（Barry Hughart），《鹊桥》（*Bridges of Birds*）

地球是一个满是虫虫的星球，迄今为止已发现约一百万种不同的昆虫。按英文字母顺序排列，可以看出它们是如此多样化：蚂蚁（ants）、鸟翼凤蝶（birdwing butterflies）、蟑螂（cockroaches）、蜣螂（dung beetles）、蠼螋（earwigs）、苍蝇（flies）、蚱蜢（grasshoppers）、头虱（head lice）、尺蠖（inchworms）、六月金龟（June beetles）、螽斯（katydids）、瓢虫（ladybugs）、螳螂（mantises）、网蚊（netwinged midges）、蝶角蛉（owlflies）、鸣蝉（periodical cicadas）、白蚁（queen termites）、榈蝽（royal palm bugs）、叶蜂（sawflies）、蓟马（thrips）、后翅蛾（underwing moths）、天鹅绒跳蝽（velvety shore bugs）、足丝蚁（webspinners）、长节叶蜂（xyelid sawflies）、高斯通蜂（ypsistocerine wasps）和缺翅虫（zorapterans）等等。但这些仅仅是冰山一角，大部分的昆虫种类还未被命名，科学家们预计生活于热带雨林中的昆虫种数可能有数千万个[①]。无论你是喜欢还是憎恶它们，它们的多样化和大繁盛都是令人印象深刻的。

昆虫的发展是如此成功，因此可以毫不夸张地说它们实际上统治了我们的地球。在我们的自我意识里，以为我们可以凭借城市、科学技术和人类文明来统治整个地球，但似乎我们并没有让地球变得更美好，反而在破坏它，我们就像一群过度繁殖的害虫在地球上胡作非为。如果人类突然灭绝，那么对绝大多数物种而言，它们的生存环境反而会显著改善，但仅有少数例外，比如寄居人类身上的体虱和毛虱。另一方面，如果所有的昆虫都灭绝了，用哈佛大学著名昆虫学家爱德华·威尔森（Edward

① 许多人得知我们仍然对地球上的生命是如此的知之甚少而表示惊讶不已。我们甚至都不知道我们现在的世界里有多少个物种，估计有700万到1亿个。大部分生物学家，会对绝大多数我们未知的物种都是生活在热带森林冠层上的昆虫这一观点表示赞同。

O.Wilson）的话来说，“陆地生态系统将会陷入一片混乱之中”[①]。人类文明仅仅发展了几千年，而昆虫却伴随着陆地生态系统一同演化了4亿多年。它们是重要的食腐动物、营养回收者和土壤制造者，取食和利用各类有机质。这些六足腐食者分解死亡的植物、动物和它们的粪便，大大增加了这些物质的生物降解率。昆虫作为捕食者和寄生者，是取食和减少其他植食性和食腐性昆虫的关键性生物。它们也是自身最大的敌人，因为许多种昆虫的数量是受到其他种类昆虫的取食行为控制的。

在过去的1.2亿年间，昆虫与现代生态系统中占据统治地位的被子植物协同演化。对大部分显花植物来说，昆虫们是重要的花粉和种子传播者，如果所有与植物相关的昆虫都消失了，那么这些显花植物群落将会大大减少。我们一般认为取食植物的昆虫多是害虫，但我想指出的是在庞大的昆虫种类中，只有极小的一部分（不到1%）才是真正的害虫。事实上，基于以下两个原因，大部分植食性昆虫应该是有益的：首先通过向植物施压，它们阻止了某种植物的过度繁殖。如果这种植物是农作物的话似乎结果不太好，但是在自然环境中，比如热带森林或山地草场中，昆虫的植食性具有很理想的效果。它可以防止某一类植物过度生长泛滥，使更多的物种可以在更小的生存环境中共存。植食性昆虫在植物群落多样性演化中具有很大的推动作用，热带栖息地植物的多样性也多依赖于昆虫的多样性。再者，也很重要的是，植食性昆虫对其他野生动物来说也是可以食用的。对于大部分脊椎动物包括鱼类、两栖类、爬行类、鸟类和大多数哺乳类（其中包括灵长类甚至人类）来说，许多昆虫是食物

① 威尔逊（E.O.Wilson），1990.“第一句话”，1990年9月6日，《欧姆尼》（*Omni*），学术期刊全文数据库，系统全文数据库（EBSCOhost）（2013年11月19日存取）。

营养的基础来源。很少有生物必须依赖人类才得以生存下去，但是，大部分植物和陆生动物却部分或完全依赖昆虫而生存。

无论昆虫是否已经统治了地球，它们显然已经泛滥成灾了。从热带雨林到沙漠，从小草场到大草原，从海岸线到高山苔原和安第斯高山稀疏草地，它们几乎遍布每一个陆地栖息地中。水生昆虫不仅栖息于山谷溪流、河流、瀑布、渗流、湖泊、水塘、沼泽和盐沼地，甚至还占据了泥潭、污水塘、岩石坑、树洞、猪笼草的叶片和距地面100多英尺（几十米）的凤梨科植物叶片的基部。半水生昆虫掌握了控制水体表面张力的技能，可以在水塘和湖泊表面滑行；而海生水黾类昆虫海黾（*Halobates*）可以在数百公里的海水表面滑行。数以百万计的非洲飞蝗飞越了整个大西洋，在加勒比群岛登陆。昆虫大家族中的蚂蚁和白蚁是亚马孙盆地中土壤的重要搬运者，在这里，它们的生物量已经超出了脊椎动物的生物总量。但昆虫的繁盛并不仅仅局限于热带地区。即使是在北极圈附近，螯蝇和蠓的总重量也超过了哺乳动物。

昆虫和它们的近亲进一步演化并适应了地球上的一些极端环境。石蝇已在海拔5600米的喜马拉雅山上被发现，而一些地下生活的甲虫、蟋蟀和蟑螂种类则完全适应了地下深穴的生活。一些水生甲虫可以通过制作空气泡长期在水下呼吸。咸水蝇、水蝇、扁蝇和海虻发展出对高盐度海水的适应性，使得它们能够生活于海岸线一带的盐沼和盐滩环境中。弹尾虫的血液中具有一种类似防冻剂的物质，这一物质同样也存在于生活在南极岛屿的大多数生物体内。在全球高海拔地区，蛩蠊类、弹尾虫类（跳虫）、雪蝎蛉类和一些不会飞的大蚊类在冰川雪域的冰冻表面十分活跃。现生摇蚊幼虫在俄罗斯贝加尔湖被发现，它们在那儿进化出近似血红蛋白的血色素，因而可以适应低氧环境。水生划蝽的适应性也是值得关注的：其中一些种类生活在低于海平面的加利福尼亚死亡谷咸水中，而其他的则生活在高海拔的喜马拉雅山脉；一些可以在冰水中游泳，而另一些则繁盛于温度高达 35℃的温泉中。黄石温泉碱蝇生活在高达 50℃的温泉边缘；而其他飞行昆虫的幼虫可以在低至零下 30℃的北极圈附近生存。最为引人注意的则是一种南非摇蚊，范德足摇蚊（*Polypedilum vanderplanki*），它们通过保持隐生状态适应了极端干燥的环境，它们的幼虫会保持脱水状态来忍受这样的极端环境。据报道，这些脱水幼虫即便浸没在开水和液态氦中，也不会死亡。

然而，大多数昆虫是无法忍受如此极端环境的。事实上许多淡水昆虫对水温和氧含量的适应范围是比较窄的，因而它们完全可以作为优良水质的生物指示者；另一方面，数十万的热带植食性昆虫演化出的一些生理机能，使它们可以取食和消化分解那些对哺乳动物和其他动物来说具有高毒性的植物。许多热带毛毛虫能够取食含有数百种致命化合物的有毒植物，其他一些昆虫还可以忍受重金属物质，甚至是一些专门设计用来杀死它们的剧毒化学物质。据报道，由于有数百种昆虫进化出了抵抗农业杀虫剂的能力，因而在过去的一个世纪里尽管我们一直努力消灭某一特定害虫，但我们迄今为止却没有彻底消除其中任何一种。十分讽刺的是，我们似乎不能消除任何一种我们真正想消灭的昆虫，比如疟蚊、体虱、鼠蚤或家蝇，而现在数百万的非目标性热带昆虫种类，正由于我们破坏它们栖息地的行为而面临着灭绝的危机。

也许说到现今有一百多万种昆虫的事情听起来很不错，但由于我们从未拥有过一百万种的任何东西，因此，我们也不太能理解这么大数字

图 1.1 落叶层中的常见居民，跳虫（弹尾虫目）能够忍受各种极端环境。（西田健二拍摄）

的含义。然而昆虫的多样种类真正引人注目的并不是这个天文数字，而是我们谈论的这个独一无二的昆虫本身。要想真正明白那是如何的不同寻常，我们必须透彻理解这究竟对于一个物种来说意味着什么。

“人们如何称呼一种生物——那就会成为它的名字”

在生物学中，种是定义所有生物的最基础分类单元。由于现在地球上有数百万种不同的生物，所以你或许不会惊讶，即便是生物学家要为物种提出一个定义也曾是十分头疼的事情。能够很好定义蝴蝶和甲虫种类的方法或许不能很好地去定义植物、真菌、原生动物和细菌的种类。定义物种比较流行的几种方法有生物种概念、进化种概念、生态种概念和形态种概念。

生物种概念将一个能够杂交并产生可育后代，并与其他种群存在生殖隔离的生物群落定义为一个物种。换句话说，生物种是由一群可以相互交配但不能随便与其他物种杂交的个体组成的。这里可以举一个熟悉的例子，君主斑蝶（*Danaus Plexippus*）是一个著名的并被广泛识别的昆虫物种。副王蛱蝶（*Limenitis archippus*）则是君主斑蝶有名的模仿者，在翅膀的颜色和表面纹饰方面它们十分相似，但二者却是完全不同的两个物种。如果你是一个十分耐心且观察细致的博物学者，你就会发现雄性君主斑蝶只会与雌性君主斑蝶求偶并交配，而雄性副王蛱蝶也只会与雌性副王蛱蝶求偶并交配。然而，你绝不会发现君主斑蝶与副王蛱蝶或其他蝴蝶之间相互杂交。生物种概念是尝试用来识别和命名自然隔离的生物群落的，在这一方面，物种分类是十分有趣的，因为它试着识别的生物群落不是随意定义的，而是本质上存在的潜在事实。

生物种概念的主要问题在于：它不能应用于无性繁殖的物种上，比如许多植物、真菌、细菌、原生动物，甚至是一些昆虫。许多蚜虫为了快速繁殖，可以通过无性生殖产生许多雌性，它们无须交配便可产生更多的雌性后代。在寄生蜂的许多已知种类中，雌性可以通过无性繁殖产生更多的雌性后代，而无须雄性。进化种概念试着解决以上问题，通过定义共享同一生物谱系的物种来实现，它们具有独特的进化史和基因库。作为一个理论构想，这一定义应该可以更广泛地应用于所有的生物类群，但事实上真正操作起来还有困难。如果我们看见雌雄君主斑蝶正在交配，那么，这就是我们观察到了同一物种的两个个体的有力证据。但即便从这两只蝴蝶上获得了 DNA 样本，要想确定它们属于同一进化种仍然是一项昂贵且技术难度大的工作。而我们的技术可能要向这一方向努力，因为，事实上我们仅仅掌握了一小部分昆虫种类的DNA“指纹”。

生态种概念是根据生物生活的环境来定义的，包括栖息地、取食习惯、环境质量和行为习惯等。有时君主斑蝶和副王蛱蝶在加拿大可能占据同一生存环境。君主斑蝶毛虫吃马利筋植物，而副王蛱蝶毛虫吃的柳叶是君主斑蝶绝不会食用的。由于这两个种在对寒冷的耐受力方面是不同的，因此，它们解决问题的方法也不同。君主斑蝶是向墨西哥南迁，而副王蛱蝶比较耐寒可以在原地过冬，有些甚至还可以在冬季繁育毛虫。所以，这两种蝴蝶在不同时间占据不同的资源。生态种概念中的核心是没有任何两个种会占据完全相同的生存环境。由于它们要争夺同一生存空间和资源，各个物种倾向于略微改变生活方式，从而充分利用各种资源，这似乎为我们区分君主斑蝶和副王蛱蝶提供了一个可靠的依据。但即便是生态种概念也有一个现实的漏洞：这些已发现种的生存环境是未知的。

许多已命名的昆虫种类都是根据所采标本的外部形态，如大小、色泽、体型和其他显著特征而订立的。这就给了我们一个最原始也最基本的定义：形态种概念是以其解剖学特征为基础的。这一概念或许有些过时或不像其他几个种的概念那样令人满意，但大多数情况下它却特别实用。我不需要通过观察动物的交配行为，收集它们的DNA证据或调查其幼虫的食谱来区分一只君主斑蝶和一只副王蛱蝶，而只需要有一件标本或一张照片放在我面前，仅仅通过它的外形就可以准确判断它是哪一种。因为这两种蝴蝶各具其特殊的翅膀形态，所以人们早在200年前就可以正确识别君主斑蝶和副王蛱蝶了。不过，不得不承认形态种概念确实存在一些问题，就是必须切实把握种内变异的范围，比如两性差异、幼年和成年个体的差异。当然，我们明白有些诸如具保护色的种类，外表看起来很相似，但可以通过行为或基因证据加以识别。大多现生生物都可以通过外形加以区分，尤其是对化石种，只能通过外形加以识别。有些讽刺的是，这一实用定义使古生物学家戴维·劳普（David Raup）认为：如果是出自一位优秀的分类学家之口，那么一个种就是一个种[①]。

将一个生物种概念化是十分重要的，判断一个物种的归属也是十分有价值的。在过去的 250 多年里，生物学家一直在根据国际动物命名法则所提出的多种规则来命名新种。要描述和命名一个昆虫新种，并不需要获得 DNA 样本、生存环境信息或演化历史，甚至不需要观察动物的交配行为。这个规则只要求你有一枚完整或部分完整的标本，可以用来观察和描述以及供馆藏参考。一个昆虫新种的命名过程，涉及其形态特征的描述、命名、在科学期刊上发表的相关信息和正式命名的发表日期等内容。我们的命名体系使用双名法，因此，一个完整的科学命名是由两个词组成的：第一个词表示属名，第二个词表示种名或变种名。这两个词构成的独特组合确保每一个种都是唯一的。物种名还通常要拉丁化，但不需要太复杂或太难懂（大家应该都知道我们自己的种名吧！智人种 *Homo sapiens*）。馆藏标本要便于在将来查阅参考，但一般来说，只有在科学论文上发表了的种才会为人所知。在被普遍用来命名和讨论的分类种概念下，一个种的确定，首先要建立在共同具有某一特征的一组个体的基础上。

我比较喜欢给新种命一个具假设性的种名。当根据形态来命名新种

① 戴维·劳普（David M.Raup），《生物灭绝：坏基因还是坏运气？》（纽约：诺顿 [W.W.Norton]，1991），14.

时，我们就会假设同一生物种、演化种和生态种与之共存。种的确定还要通过每一条新信息的考验：我们希望将来可以获得每一个已命名种的生物学、演化历史和栖息地信息，从而证明所提出的形态种是正确的。通过不断发现新个体，我们可以获得种内差异的新信息，从而修订和扩大该种的分类学信息。如果新获取的信息表明，一个已命名的动物或植物仅仅是另一个种的不同群落，那么老的种名将被保留，新的名字则作为其晚出异名而废弃；或者一个类群中发现了大量隐蔽种，那么，就可以给这些新发现的生物种重新命名了。命名新物种只是科学地认识和了解一个物种过程的第一步，但刚开始只需要提供该物种的形态学描述。这一工作已经花费了科学家们 250 年的时间，你也许会认为是不是已经发现并描述了所有的现生物种？但请记住，以现在发现、描述和发表新种的速度，至少还要 500 多年，才可能完成剩下昆虫物种命名和形态描述的相关工作。

地球上至少有几百万种昆虫，而它们都有一个基本的共同特征：它们都是独一无二的种群。在某些情况下，一个种的绝对丰度是十分惊人的，几百万个根本不足为奇。一个超级蚁群可能有数百万只几乎完全相同的工蚁。然而，真正难以置信的是地球上竟然有数百万个不同的昆虫种群，每一个都有自己独特的生殖生物学、环境需求、基因和演化历史、生物化学、解剖学和行为学特征。即便仅仅将目前已命名的一百万种昆虫概念化，都是十分困难的。要想真正明白那究竟是多少数量，我们可以这样去看：因为每个物种名都是由两个词组成的，因此，需要打印 200 万个词来表示我们已知的昆虫种类，那我就需要 20 本这样的书才能逐一列出所有的昆虫名称。这还仅仅是现生昆虫种类，不包括已灭绝的化石种和生活在森林树冠中未命名的数百万个现生种。我不可能告诉你每一个昆虫种类背后有趣而不寻常的故事，所以，我们需要一个可以把各个种组合在一起成为一个有意义类群的体系。

物以类聚：为昆虫分类

分类是我们创造并用来将各种生物分配进入不同分层系统的手段。一些种与另一些相关种可以组合成一个属。假如你生活在北美东部地区，你应该会对宾夕法尼亚熊蜂（*Bombus pennsyvanicus*）很熟悉，而在美国怀俄明州的山区，最常见的大黄蜂是洪特红尾熊蜂（*Bombus huntii*）。它们是不同的蜂种，具有不同的地理分布、取食和筑巢习惯。大多数人都能很容易地识别出其中之一属于熊蜂（*Bombus*）。但即便是这个最简单的例子，情况也较为复杂：在怀俄明州大约有 10 种熊蜂，在北美有 30 多种，而在全世界则要多得多。

相似的一些种和属可以组成一个科。熊蜂、蜜蜂、木蜂等几百个属组成了蜜蜂科。在昆虫科级分类单元中，种的数量可以有较大的变化。其中最大的寄生蜂类姬蜂科包含 5 万 –6 万个种，数量比所有脊椎动物的种数还要多。其他一些昆虫的科也是超级多样的，比如象甲科（象鼻虫）、步甲科（步行虫）、夜蛾科和大蚊科。我的研究专项是寄生蜂类的茧蜂科，它现在还没有一个被普遍接受的通用名，由 15000 多个已知种组成，且被认为应该拥有超过 5 万个种。同样也有很小的科，比如胡蜂类的长腹蜂科，只有 1 个广泛分布于加拿大到阿根廷的种。

无论种类如何多样，一组相关的科可以构成更大的分类单元：目。

最大且最为常见的目，其实是广为人知的，只是你可能不知道它的科学名称而已。昆虫中有 4 个目是极为多样的，每一个都包含数千个已描述的种，还可能有数百万个未描述的种存在。这四个大目分别为：鞘翅目（甲虫）、膜翅目（胡蜂）、双翅目（苍蝇）和鳞翅目（蝴蝶和蛾子）。还有一些其他相对较小但实际上很大的目，包括数百至数千个种，它们中的一些可能让你觉得很熟悉，比如蜻蜓、蚱蜢、蟋蟀、白蚁、蟑螂、虱子、蝽，如果你喜欢鱼的话，还会知道蜉蝣和石蛾。还有一些有趣但少见的小目，对普通人来说很难遇到，如足丝蚁、蛩蠊、缺翅类和捻翅类。最小的也是最新被发现的昆虫目是螳䗛目（Mantophasmatodea），也被称为非洲岩石爬虫或角斗士虫，在 2002 年被命名了两个种。还有一些昆虫目现在已经灭绝了，但在几亿年前的古生代却十分繁盛。

以上所有这些目可以合并为一个更大的分类单元，称为昆虫纲。它们大部分是人们通常称为虫子的小东西，六条腿，身体三分为头、胸和腹部。接着昆虫又可以归入更大的单元，节肢动物门。它不仅包括各种昆虫，还包含昆虫们具有坚硬外骨骼和分节附肢的近亲，比如大家所熟悉的蜘蛛、扁虱、马陆、蜈蚣、蝎子和古生代就灭绝了的三叶虫。最终节肢动物也要归入更大的动物界之中。

六足虫虫大荟萃：认识昆虫的多样性

与其他所有动物相比，为什么昆虫的种类能够达到如此夸张的数量呢？尤其是我们如何能理解昆虫生态上所取得的巨大成功？首先昆虫进化出了小体型，这本会限制它们在解剖、生理以及与其他生物之间的生

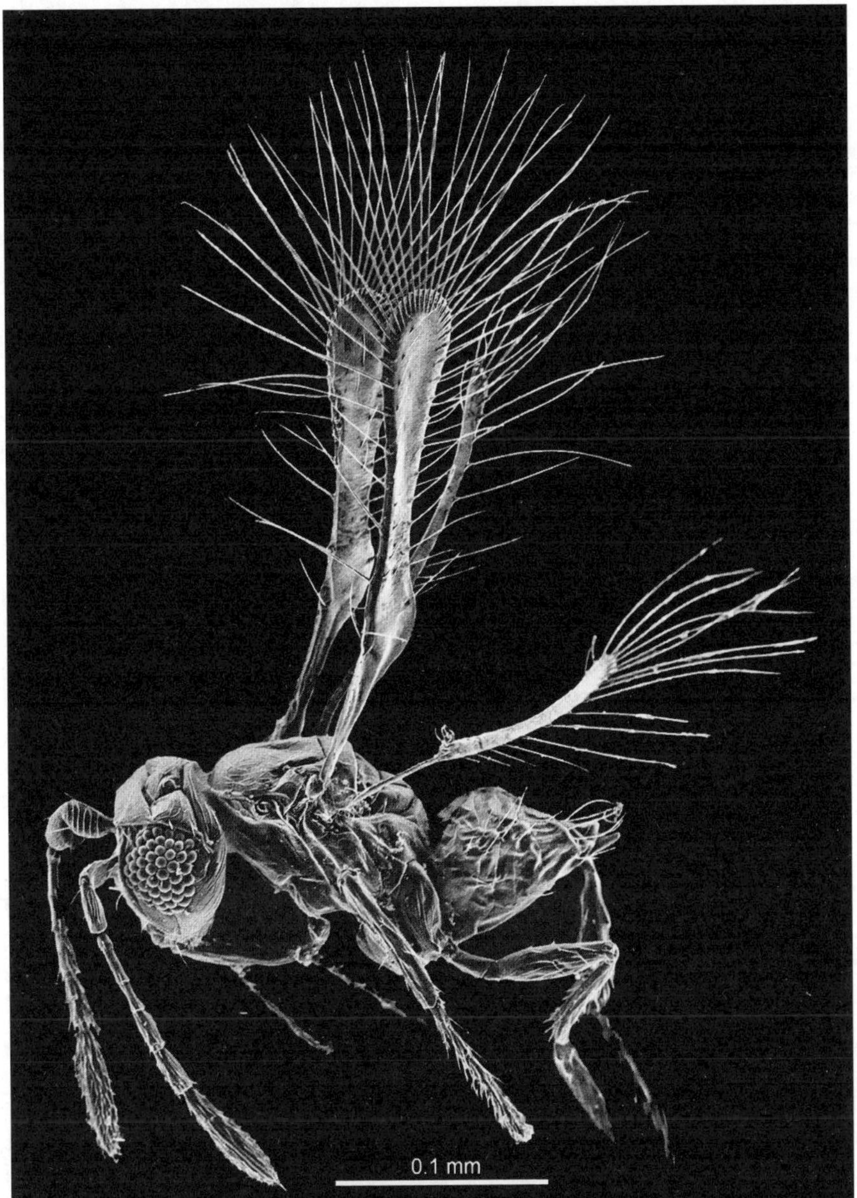

图 1.2 柄翅卵蜂（缨小蜂科）是昆虫卵寄生的蜂类，只占据了一个极小的栖息地。微小廷克卵蜂（*Tinkerbella nana*）是世界上已知最小的飞行昆虫。（珍妮·弗里德拍摄）

态联系。然而小体型却能提高昆虫物种的多样性，它们可以将世界划分为许多极小的栖息地。你会发现不同种类的昆虫会取食树叶、钻孔、叶下挖掘、咀嚼花芽和种子，它们或生活于树皮下，或深钻入树心中，或潜入树根下生活。一只年轻的甲虫，可能会将它所有的幼年时间在一颗小小的植物种子里度过，到成年后它又会生活在一个完全不同的环境中。

许多常见的昆虫，比如君主斑蝶有一个宽泛的地理分布和生态位，大多数昆虫都十分微小并占据一个狭小的栖息地。最小的昆虫柄翅卵蜂极其微小，正常情况下肉眼无法看清，它们一般寄生于其他昆虫的卵中。寄生昆虫特定的狭窄生境也是十分引人注目的：比如鸟虱仅仅生活于鹈鹕的喉囊之中，而兽虱则只生活在海狮的鼻孔中。事实上，除了蝙蝠以外，大多数不同种的鸟类和兽类身体上都各自存在其特有的虱子；但另一组昆虫却进一步演化并填补了蝙蝠这一空白生境。引人注意的是，蝙蝠体毛中也生活着吸血寄生蝇，所以，当吸血蝙蝠吸过你的血后，它们的血也同样喂食了那些寄生蝇。在怀俄明州和北美其他的北部地区有一种不会飞的寄生甲虫，卡斯特板蚤（*Platypsyllus castoris*），主要寄生在海狸的皮毛之中。此外，曼蒂斯新茧蜂（*Neoneurus mantis*）是我在怀俄明州发现的一种新昆虫，它体型微小，寄生于一种造丘蚁的腹部。当 1990 年我第一次发现它们时，它们正与三个特殊的蚁群在一起飞行。在过去的 20 年间，其中的两个蚁群数量在减少，而另一个寄生蚁群则完全消失了。因此在过去的几年里，我只能于 6 月间，在附近山里一个特殊的蚁群里发现这种微型蜂了。

造成它们种类众多的第二个原因是它们会飞行，这使得它们的生活空间可以向空中挺进。在 1.5 亿年前，昆虫是唯一会飞的动物，这给予它们巨大的优势，可以躲避捕食者并扩张新的生存空间。翼龙、鸟类和蝙蝠的最终出现，并没有将昆虫从天空中驱逐出去，而是仅仅给昆虫造成了选择压力，迫使它们变得更加多元化和特殊化。然而翅膀除了飞行外，还有其他重要的用途。昆虫都是冷血动物，因为血液要流经它们的翅脉，所以，这些翅膀就像一个个小的太阳能发电板，能在寒冷的清晨为身体供暖。昆虫翅膀上的各种颜色和纹饰在其生活中也起了十分重要的作用，尤其是在求偶和交配过程中，可以使昆虫在多样复杂的环境中更加容易识别配偶。翅膀的色彩也能通过保护色（伪装作用）或警戒色（明亮的警戒色）来提高它们的生存几率。

第三个也很重要的原因是，昆虫煞费苦心演化出了变态发育的生长方式，在这一过程中幼虫与成虫是完全不同的。这是一项惊人的创新之举，确保了昆虫成虫不会与它们的后代竞争食物资源。一只年轻的昆虫幼虫，比如蝴蝶的毛虫，会变成一台食物机器，它们通常在一个隐蔽或受保护的环境中，将所有的精力都集中在进食和生长上。相反，经过完全变态发育的成虫，会将它们所有的精力都放在求偶、交配和产卵上。许多成虫的食谱完全不同于幼虫，或者它们根本就不进食。超过 75% 的现生昆虫种类具有完全变态的生长习性，这些事实证实了这一习性的有效性和成功性。

一个爱追根究底的学生，可能会通过研究 4 亿年来昆虫演化的历史来搜寻更为深入的答案。有关这一主题的高级课程，可能会涵盖基于化石证据得出的昆虫演化史，以及涉及解剖学、行为学、基因学和分子序列研究的知识；可能还要学习晚志留纪至早泥盆纪时期，伴随着古老陆生植物共同演化的大部分古代昆虫。到石炭纪时期，也就是成煤沼泽大

图 1.3 蝠蝇（缨小蜂科 Mymaridae）是高度特化的一类嗜血双翅目昆虫，常寄生于蝙蝠身上。这只蝠蝇正寄生在哥斯达黎加派洛福德国家公园的一只吸血蝙蝠身上。

发展时期，昆虫演化出了翅膀。学会飞行这一创举使得昆虫种类出现了第一次大辐射，包括巨型似蜻蜓类和其他许多已经灭绝了的种类。到二叠纪时，昆虫已经演化出许多现代类型，包括可能的臭虫、草蛉和甲虫。二叠纪时出现的完全变态发育是一项重要的创新，或许这就是导致昆虫在一个动荡多变的世界里繁盛多样的原因。而其他一些昆虫和生物就没有这么幸运了。

二叠纪末期，正是地球遭遇的大灭绝期。海洋中一些古老的生物包括三叶虫都永远地消失了；陆地上的一些生物种类也灭绝了，包括一些已经繁盛了数百万年的昆虫种类。然而，有一些却幸存下来并繁衍壮大，尤其是那些可以完全变态发育的种类。整个中生代时期，昆虫都与大型恐龙共同生活。在早白垩纪的某一时刻，显花植物演化出现，昆虫也迅速进化出新的种类以适应这一变化。伴随着花朵出现的昆虫类群有：蝴蝶、蜜蜂、蚂蚁和群居蜂。6500 万年前，可能是由小行星撞击地球而触发的另一次大灭绝事件，导致了恐龙时代的终结。一些小型的具羽毛恐龙，即我们现在所说的鸟类，与许多显花植物和昆虫类群一同幸存下来并繁衍壮大。进入新生代，显花植物与昆虫协同演化，导致了现今热带雨林生态系统呈现极为丰富的生物多样性和复杂性。

昆虫的演化历史体现在其丰富的化石遗存中，虽然具有一定启发性，但仍然不很令人满意。我们或许仍然在好奇第一只昆虫的起源。这一章节我是引用巴里·胡加特的一段陈述开篇的，他指出："万事皆有始有终。"要理解地球上昆虫多样性这一复杂的概念，我们需要"正确理解其中的先来后到"。我们必须深入探究昆虫更古老的历史，即具有外骨骼和腿的志留纪多足类冒险登陆之前的时间。多足类昆虫的这些特征，来源于寒武纪海生节肢动物祖先，它们首次演化出了外盔甲和可移动性，用以应对日益增高的氧含量和海洋中的捕食者。因此，我们有关昆虫的故事必须在 5 亿多年前地球古老的海洋中拉开序幕。

2. 节肢动物的崛起

大约 6 亿年前……生物演化的情况变得一团糟。

戴维·劳普（David Raup），《生物灭绝：坏基因还是坏运气？》

有时目的地远没有驱动力来得重要。

克里斯汀·阿普尔盖（Christina Applegate），《彻夜无眠》

如果你想感受地球上漫漫的生命长河，那么我强烈推荐你穿过怀俄明州可怕的温德河峡谷，前往肖肖尼（Shoshoni）至瑟马普利斯（Thermopolis）的景观道路。落基山脉在这里裸露的岩石开启了通往过去的窗口。由于地壳向上挤压，一端翘起，因此在峡谷的顶部沉积了最古老的岩石。所以，我们是沿着一条无化石记录的前寒武纪岩层从肖肖尼一路驶来。峡谷入口的路牌标示了寒武纪岩层的起点，此时，生命终于从低等的菌藻类生物中挣脱出来，具外骨骼的动物首次出现了。这也是最原始的被称为三叶虫的首批节肢动物快速演化发展的时期。这是一个绝妙的场景，也是我所见过唯一一条清楚标记着生命历史的路径。

总共需要约莫半小时，你就可以驶过所有的时代。穿过了寒武纪，即“无脊椎动物的时代”，你就进入了奥陶纪，即“鱼类的时代”。不久你就会进入志留纪，即植物首次登陆的时期。接着就是泥盆纪，所谓两栖动物的时代。由于怀俄明地区志留纪和泥盆纪时期沉积的灰岩遭受了严重的剥蚀，所以这些岩层一转眼便结束了。紧接着是遍布泥炭沼泽的石炭纪。来到山脚，出了峡谷便是二叠纪岩层，此时你就离开了古生代进入了中生代，即“爬行动物的时代”，或者是我们现在所说的“恐龙时代”。此时，我们可以稍稍为之前逝去的三叶虫哀伤一阵，但同时你会为恐龙的出现而欣喜不已。在道路的末端，宏伟的瑟马普利斯恐龙中心展示了这里出土的恐龙骨架。请确保留下足够的时间，来享受这里的硫黄温泉以及参观这座令人印象深刻的博物馆。最后当道路变得平坦，进入广阔的艾蒿草原，你就来到了新生代的开端第三纪（即现在的古近纪和新近纪），同时也是“哺乳动物时代”的开始。如果你愿意的话，此时可以替恐龙的灭亡来哀悼一下。然而它们的消亡却值得我们庆幸，因为正是它们的最终让位使得我们哺乳动物占据了这个星球。

迄今为止，隐含的人类中心偏见论在我刚刚叙述的这些地质历史时期是很明显的。通过记录哺乳动物、爬行动物、两栖动物和鱼类增殖扩散的历史，我们仅仅能够发现，某些贫乏的历史事件导致了人类的起源。那些地质时期的标签是如何从生命多样性的真实形态中转移出来的，我将会逐步地来抨击这一人类中心论。现在，我们先从寒武纪谈起。

寒武纪被称为“无脊椎动物的时代”。这当然不是因为力图要赞美我们的无脊椎动物祖先，而仅仅是因为过去从寒武纪地层中发掘的化石中，并未发现任何一个我们脊椎动物的祖先。请注意我们并没有称之为“节肢动物的时代”或“三叶虫的时代”，因为它们中的任何一个都过于有倾向性了。称之为“无脊椎动物的时代”有点像称之为“无人类的时代”，这一名称巧妙地表示了节肢动物的成功并非因为缺乏脊椎动物，而是因为它们演化出了外骨骼。然而在随后的时间里，我们确实在寒武纪地层中发现了可能的脊椎动物祖先，这是一件多么令人羞愧的事情啊！一种被称为皮卡虫（*Pikaia*）的小型动物被发现于加拿大 5.15 亿年前的布尔吉斯页岩动物群中。皮卡虫只有 1.5 英寸（3.8 厘米）长，外形似蠕虫，在海底营潜穴生活。软躯体，但有内部支撑结构：具一条原始的脊索，即脊柱的早期形式。皮卡虫现在被认为很有可能是鱼类、两栖类、爬行类、恐龙、鸟类和哺乳动物的祖先。然而，它是一位如此谦逊的先辈，没有人会为它将寒武纪称为“皮卡虫的时代”。

当我们以一个极大的时间尺度和非人类的视角来审视的话，生命的历史就显得完全不一样了。很显然，对于人类来说并没有不可避免的或迅猛的发展演变。一个非人类的太空旅人可能会更为简洁地重写我们地球生物的历史。地球最早的 30 亿年间可以被简单地称为“菌藻的时代”。从寒武纪到现在（即过去的这 5 亿年），多细胞动物繁盛的时期可以简称为“节肢动物的时代”。自从动物界开始复杂化后，节肢动物就成为唯一在分异度和丰度方面都十分成功的类群。昆虫多样性的爆发使得最近的 3 亿年可以被称为“昆虫的时代”。人类文明崛起的这一万年相较统治地球最早的菌藻，然后是节肢动物，尤其是昆虫的时间范围来说可谓是微乎其微且不重要的。

寒武纪的另一个重要事件就是我们幸存到了现在，这里的“我们”并不仅仅指人类而是指整个脊椎动物谱系。我们渺小的蠕虫状祖先皮卡虫正在海底掘穴生活，它在寒武纪的化石中极其少见，或许直到如今也从未成为过一个数量很多的生物类群。3 英尺（90 厘米）长的可怕捕食性节肢动物奇虾（*Anomalocaris*）在水体上层漫游，它具有一对长而具刺的捕食附肢。奇虾在寒武纪的海洋中悠闲地划游，捕食任何它们可以抓住的小动物，尽情享用它们的三叶虫大餐。偶尔，奇虾也会猛烈扑向温顺的皮卡虫，将其作为美味的晚餐。对我们来说很幸运的是大多数的寒武纪节肢动物、三叶虫都能与皮卡虫和平共处，一同在海底取食沉积物。但是也有一些证据表明，某些寒武纪的三叶虫也是捕食性的。一些三叶虫的遗迹化石会与蠕虫类潜穴和栖息的遗迹相互交叉，这暗示了一些三叶虫可能会捕食沉积物中的这些蠕虫。根据三叶虫体型和唇瓣类型的多样性，我们可以看出它们已经演化出了相对多样的取食习性。然而，如果寒武纪的三叶虫当时真的都变成了超级捕食者，那么我们就绝不可能在这里共同编写这个故事了。

生命大爆炸：寒武纪生物大爆发

距今约 5.41 亿 –4.85 亿年前的寒武纪，是一段记录着地球上生命大发展的时期。最终在经过 30 亿年的微生物历史后，单细胞聚集在一起形成了功能性群组，多细胞动物终于出现了。从地质尺度上看，动物们只花费了很少的时间就演化出了功能性支撑和保护装置：如表皮、骨骼和外壳仅仅在500万年间就出现了。早期动物貌似迅速的演化现象，促使古生物学家将这一事件称为“寒武纪生物大爆发”，众多生物门类在这一时期里迅速进化，包括如今依然统治着地球的主要生物类群。具盔甲骨板的节肢动物首次出现，并最终演化出了昆虫，从而引发出了我们这里许多的故事。

随着带壳动物的演化出现，地球的历史也被永远地改变了。这些硬壳石化得很好，虽然寒武纪软躯体生物化石十分匮乏，但寒武纪带壳动物则更多地保存为化石。从寒武纪开始，地球上的岩石为许多史前生物按下了快门，将它们的一些痕迹都保存了下来。

这些岩层的年龄可以通过放射性同位素的分布数据来确定，但从寒武纪开始的岩层，可以通过保存在其中的化石来确定。那个时期的标准化石无疑是三叶虫了。这些小动物具有一个三分段的硬质外壳，而三分叶正是其名称的由来。三叶虫是节肢动物中最早期的代表类群，昆虫同样也归属于节肢动物。昆虫、蜘蛛、龙虾、马陆（千足虫）、蜈蚣、蝎子和三叶虫都具有节肢动物特有的解剖学特征：坚硬、分节的外壳和多分节的附肢。在之后的章节里，我们会更多讨论这方面的内容，现在我只想让你明白这些硬质外壳可以石化得非常好。三叶虫在古代浅海中十分丰富，它们的外壳也广泛分布在沉积物中。如今，当你漫步于怀俄明毕葛红（Bighorn）盆地的草原上时，你就会看见一些散布了三叶虫化石的岩丘景观。这是其曾位于海水之下的可靠证据，这里的岩石也是在古生代时期沉积下来的。然而，你无法在30亿年前的岩层中发现三叶虫或其他动物的化石。由于它们在2.52亿年前就已经灭绝了，因此，你也不可能在混杂着恐龙骨骼化石的中生代岩层中发现它们。此外，在诸如夏

图 2.1 寒武纪三叶虫金氏爱雷斯虫（*Elrathia kingii* ）蜕皮背壳的化石，它是美国犹他州米勒德县（Millard County）惠勒组（Wheeler Formation）一类常见的三叶虫。

威夷和哥斯达黎加的圣拉蒙地区，你也不会发现三叶虫化石，因为那里是过去几百万年里火山活动形成的，因此那些地方没有古生代的岩石。

在整个美国的采石场中有许多寒武纪的岩石，所以三叶虫化石十分常见。不是只有古生物学家才能见到三叶虫化石的，当你走进北美任何一家石头店时，你都可能会发现一箱子的三叶虫化石，店主们还会宣称它们是最古老的动物。要知道三叶虫化石是如此常见，以至于只要你愿意的话，花上几块钱就可以买上一块装入你的口袋。在俄亥俄州、宾夕法尼亚州和威斯康星州，三叶虫都是官方代表化石。

化石记录的跳跃性

虽然，我们通过观察化石能尽可能了解很多东西，但请记住它们很少会述说一个完整的故事。化石记录从未像我们所期望的那样完整，生物只有在某一特定条件下才能形成化石。浅海生物群落在频繁的沉积物覆盖中可以形成较为丰富的化石，因此寒武纪的化石记录并非十分糟糕。虽然现代昆虫群落在热带雨林中分布极为丰富，然而化石记录却只能捕捉其中极少的种类。许多生物在死亡后被迅速消化分解，因此一些重要的群落可能就无法保存为化石了。这有点类似于家庭影集：或许当你刚出生时，你的父母会拿着相机为你拍摄很多照片，但几年后他们就只是偶尔拍拍了，有时他们甚至因为工作太忙而完全忘了给你拍照。我们当中很少有人能够拥有一套完整的成长影集，化石也与之类似。有时你会获得关于过去很清晰的照片，而有时又会在很长的时间间隔里没有留下照片。寒武纪时的一个例子就可以证明这一点：在瑞典寒武纪的沉积物中发现了一种微小的缓步类（tardigrade）化石，小巧玲珑的样子就像一只泰迪熊的缩影。缓步类（tardigrades）又称为水熊，仍然存续至今，我们在厄瓜多尔森林的凤梨科植物储存的水体中发现了它们，然而，我们却没有发现中间过渡型化石。在寒武纪的浅海和现代雨林中同时发现它们这一事实，并不意味着水熊演化出现了两次。虽然这中间我们没有发现其他化石记录，但是很显然，这些动物早在寒武纪时期就已经出现，并繁衍至今。

岩石不会显示缓慢平稳的变化记录，同样它们也不会显示任何迅猛的进展。生物群落出现的明显时间记录在岩层中都可以揭示出来，它们在数千万或数亿年间都保持稳定。我们将生物时代划分为多个时期的原因，并不是因为仅仅想要划分它们，而是因为这些岩层本身就代表了不同的生物群落。岩层分界面指示了突然而迅速的变化，通常有数千万年时间的停滞。当时机比较好时，生命就不是简单演化而是可以进行改变了；而当时机宜人时，生物种群会趋向一个均衡模式，它们已经很好地适应了现有的环境并安乐地继续向前发展。然而生命记录常常被偶发的灾难性事件（如冰川作用、大陆漂移、彗星和小行星活动等）所打断，这些确实给当时的生物造成了打击。有时生物群落还会遭受灾难性的大灭绝事件，但每次灾变之后，新的物种都会迅速占领空缺的生态位，最终再次建立起一个新的生命平衡状态。这就是生物学家所说的"间断平衡论"。它是由古生物学家尼尔斯·艾崔奇（Niles Eldredge）和史蒂芬·古尔德（Stephen Jay Gould）提出的术语。

为节肢动物搭建舞台：是什么点燃了寒武纪生物大爆发的导火索?

一项重要且引人注目的事实是，生命历史在我们的地球上以单细胞的形式维持了约 30 亿年。为何多细胞动物花了如此长的时间才演化出来呢？这里有一个简单的答案：氧气。

30亿年以来，古细菌将氧气和二氧化碳一同转移到碳酸钙和其他碳质沉积物中。它们可能也会释放氧气，但在很长的一段时间里，大气中的氧含量并没有发生太大的变化。在氧气还未在空气中聚集之前，游离氧就会与地壳和海洋中的铁或其他物质发生反应。它会被锁定在沉积岩、条带状铁建造和矿物中，度过数百万甚至数亿年的时间。另一方面，从大气中过剩的二氧化碳中获得的大量有效碳都被锁入了石灰岩沉积中。在矿物的形成过程中，太阳和地球之间产生了一个意外的平衡。远古时期的太阳比现在的温度低，但从前的地球大气中富集了厚厚的二氧化碳层，形成了温室效应，就像给地球披上了一层暖和的毯子。日复一日，过量的二氧化碳通过生命作用从地球大气中逐渐减少，太阳变得更为温暖，地球一直为各种生命维持着舒适的环境温度。但最终在约23亿年前，二氧化碳水平下降得很快，于是地球进入了一个灾难性的冰期时代，生物也第一次经历了许多演化间断事件。

几十亿年里，生命一直漂浮在满是美味氨基酸的海洋里，地球上的冰川完全吞没了海洋，大部分的古代微体生物消失了。幸存者可能是任何一种细菌，它们非常幸运恰到好处地在火山通道与冰冷海水遭遇并混合的舒适界面。如今，这些细菌仍然繁衍于南极洲和黄石公园热气腾腾的火山通道和硫黄温泉中。对生命来说这固然是一个严峻的环境，但却能分隔细胞形成一个独特的微环境并使基因序列相互疏远。自然选择确保了留存下来的细胞成为真正的幸存者。

从地球上保存的条带状含铁岩层来看，地球的冰期可能持续了数百万年，这些岩层是海洋中的铁元素富集并沉淀入沉积物中形成的。这些岩石的顶面覆盖了一层碳酸钙，这意味着伴随着全球变暖期的到来，地球冰期也迅速结束，当陆地碎屑物被冲入海洋，就促使了全球菌类的大繁盛。氧气也重新释放回大气中，这个世界再次出现了大量真核细胞。

我们认为这样一个几近灭绝的挫折，很可能是让生命走上更为复杂道路的必然经历。然而似乎并不完全如此，细菌细胞花了数千万年的时间才恢复了它们以往的浮游生活方式。约 8.5 亿年前，大陆漂移运动将陆块带到赤道附近的不利位置后，地球再次进入深度冻结状态。冰川发育逐渐靠近赤道，严寒持续了几百万年的时间。最后冰川破裂，生命也得到了暂时的喘息。然而此时也形成了一个循环，在 8.5 亿年至 5.9 亿年间地球上历经了至少四次大冰期。最近的一次是瓦兰吉尔大冰期，从 6.1 亿年至 5.9 亿年，持续了约 2000 万年。科学家们将这一时段称作“雪球地球”期。

当最后一次雪球地球事件结束后，冰川后退至两极地区，生命也重组为多细胞群落。不久后，大量早期动物在“寒武纪大爆发”时出现了。在单细胞统治生物界数十亿年后，是什么最终激发了生命形式发生如此剧烈的变化呢？最引人注目的是，这时大气中的氧含量已经升至类似当今的水平。氧气潜在的毒性促使细胞为了安全而聚集成群，但同时一个高能系统的存在也刺激了动物的发展：有氧呼吸的出现让动物比细菌生活得更加复杂和活跃，因为氧气迫使也允许它们这么做。氧气含量与生命演化的关系，氧气水平变化的历史和所有这些地质证据都在尼克·莱恩（Nick Lane）通俗有趣的书《氧气，创造世界的微小分子》中详尽叙述了。因此，我在这里就不再赘述。

最后一次雪球地球事件后，另一个十分重要的事件发生了：即大陆漂移加速，前寒武古陆大范围重组。寒武纪大陆漂移的速度估计约比从那以后的平均速率快10倍。这一重要性主要有两个原因：首先，它将大陆板块以惊人的速度带回两极附近。通过重建气候循环可以让冰期变得更加缓和。一些陆块已经接近两极点，不管怎样，从那时起已经能够确保现代地球逃脱严峻的“雪球”期。其次，对寒武纪的动物来说这是一件幸运的事，因为上升的海平面和快速的大陆漂移，意味着会出现更多的海岸线和充满丰富矿物质的浅海环境。地球在寒武纪时旋转得更快了，月球也更为接近，因此浅海地区的潮汐作用引发了营养流的快速脉冲。此时，生物快速演化的时机已然成熟。

寒武纪的创新——外骨骼

一些寒武纪早期的动物常出现在浅海沉积物中。最古老的寒武纪化石是“遗迹化石”，它们不是动物实体，而是动物留下的遗迹。大量石化的潜穴被认为是远古海生蠕虫类留下的。最古老的寒武纪动物名为梗状毛发藻迹（*Trichophycus pedum*），是完全根据潜穴化石命名的。它早于其他任何带壳化石的出现。仅仅发现管道，我们不能肯定毛发藻迹（*Trichophycus*）究竟是一种动物还是具有类似习性的几种动物。然而，我们能够推断出关于它们数量惊人的信息。由于它们生活在沉积物底部，因此我们推断它们是从细菌中摄取有机质的。根据其管道窄长且具有定向性，我们推断它们能够在沉积物中挖掘潜穴。这说明它们的身体分前后，具口部、肛门和消化系统。由于它们可以前进并制造管道，所以必然具有肌肉和对生的表皮系统，某种循环系统和呼吸系统。很可能毛发藻迹是一种与环节动物相似的多节蠕虫状生物，而后来的昆虫也继承了它们祖先的分节特征。

之后的寒武纪岩层则包含了一类硬质壳体，如小壳、刺和小的硬质碎片，它们可以追溯到早期的外骨骼，但很难归入现代动物类群中。这一岩层简称为“小壳化石群”或“早期小壳化石”。我们对这一古代动物知之甚少，它们确实告诉了我们一些重要的事情。你或许会回想起古代蓝藻菌分泌碳酸钙形成叠层石。外壳的演化也是一个类似的过程，早期带壳动物通过简单分泌废弃物并固化来建造轻便的硬质骨骼。当动物演化出捕食习性后，具壳的特征就立即取得了成效。除了起到保护作用外，硬壳还形成了骨骼系统的基础，为肌肉组织提供支持结构。因此，外壳的演化是通往产生更为复杂骨骼、肌肉组织和最终迅速移动进化的重要一步。

再往后的岩层是在5.29亿年之后形成的，我们开始寻找所谓的寒武纪大型动物群化石。它们是具全副骨骼和明显附肢的动物，在寒武纪开始时便大量繁盛起来。其他门类诸如海绵、珊瑚、软体动物和环节动物也已经存在了。还有一群与任何现生动物都不同的怪异而神奇的动物，在生存了一小段时间后就消失了。

通常你会听到，大多数现代动物门类在寒武纪时期就已经出现了。这意味着，在那时就出现了许多现代动物类群如节肢动物、环节动物、软体动物、棘皮动物和脊索动物的祖先类型。这当然并不是说，现代动物门类的各个种类都是突然出现的，而只是表明在寒武纪时，首批节肢动物、软体动物、棘皮动物、环节动物和脊索动物出现了，每一类动物都发展出了与现今动物门类特征相符的基本身体构造。

寒武纪海洋中的摇滚明星

有关节肢动物种类多样化真实而成功的故事，可以以寒武纪的三叶虫为代表。发现于古老寒武纪岩层中的三叶虫与第一个寒武纪大型动物群伴生，它们在海洋中一直生活到古生代末期，跨越了近3亿年。我们已经发现了近2万种三叶虫，其中大部分生活在寒武纪和早奥陶世。到了晚寒武世，三叶虫的分异度达到了峰值，有70个科800个属6000多个种。大部分三叶虫在浅海底部营底栖或潜穴生活。一些大型的底栖种类还存在浮游的幼态模式。而另一些三叶虫可以游泳，其他一些小的种类还能随着潮流浮游生活。三叶虫或许早已远去，但其他现代节肢动物也继承了它们体型的一些特点：如坚硬的外骨骼和一些多分节的附肢。

让我们来看看骨骼演化的历史吧！因为寒武纪生物大爆发，就是一场生物硬质骨骼多样性大扩张的事件。绝大部分有关寒武纪动物的科普刊物，都在集中描述这些动物骨骼形式的命运。古老的寒武纪动物园里包括一些奇特的动物，比如怪诞虫（*Hallucigenia*），它们全身布满了刺和腿，因此，多年来我们都无法确定它的背腹和头尾定向。但是，我们也不需要被随后那些不可思议的修订而左右。当骨骼第一次演化出来，仅仅只有几个可能的途径。你可以在身体外部搭建骨骼，用来支持和保护里面柔软的细胞；或者你也可以在内部搭建一套骨骼，仅用于支撑身体。基本上你只能在外骨骼（三叶虫型）和内骨骼（鱼类型）两者之间选择一种。一些具内骨骼的动物，可能也会通过增加一些外部盔甲来模仿节肢动物的结构：如具硬甲壳的鱼类，具盔甲的恐龙，现代的犰狳和亚瑟王的骑士（King Arthur's knight）。但从根本上说，骨骼只有两种形式：

外部和内部。这两种骨骼形式都为肌肉附着和运动提供了必要的结构支持，而这些都是作为动物来说最重要的功能。

拥有一套外骨骼的优点是显而易见的：它既可用于保护，也可以用于支撑。我们平时穿鞋也是因为同样的原因。而它的缺点则较为微妙：一套外骨骼对感觉系统会有所限制，同样也会限制生长。节肢动物或许不具有和我们一样的外部皮肤来感觉物体，但它们的外骨骼遍布感觉刺可以起到同样的作用。对节肢动物来说生长发育更具挑战性，若身披盔甲进行生长则是一件十分困难的事情。这就需要节肢动物演化出一种代谢途径，可以允许它们周期性地蜕去老壳，长出新壳。这是一种较为合适的解决方法，但这也意味着它们总有某一时段是处于柔软脆弱的状态，比如一只软壳蟹。毫无疑问，这个柔软的阶段对捕食者来说是最为脆弱并利于攻击的。我们脊椎动物所拥有的内骨骼，只有一个真正优于节肢动物的优点，这就是我们不需要蜕壳并重新长出新壳。我们的生长阶段是持续的，没有这样的间断。当然，我们也有一个非常严重的缺点，就是我们柔软美味的外表总是暴露在捕食者面前和环境之中。因此为了保护它们暴露的外表，脊椎动物通过鳞片、黏液、盔甲、羽毛、皮毛和李维斯牛仔等各种形式来加以补充。我们通过藏在具坚硬金属外壳、燃烧大量化石燃料的汽车里，来保护我们可口的肉体。

我可以给你们一个简单的提议：对动物来说外骨骼恐怕会更有用。显然外骨骼更可能首先发展起来，因为将排泄产物排出去比储存在内部更好，而且直接的防御优势更可能取得成功。只要对比一下寒武纪末期丰富的三叶虫种类和躲在沉积物中我们渺小的远亲皮卡虫就知道了。然后，来看看我们的现代世界吧，所有的脊椎动物加起来也仅仅是庞大节肢动物总数的一小部分。这一成功可以在许多方面看到。我们一直为我们拥有硕大而理性的大脑而自豪。但拥有这样的大脑，也使我们必须仔细考虑我们的存在未必是绝对的以及古往今来我们持续的脆弱性。渺小的昆虫们无法预料到它们的成功：即节肢动物种类在动物历史的各个时期都占据了主导地位。如果在另一个星球上这一切再次上演，似乎拥有内骨骼的软躯体动物不太可能首先发展或长久地成功下去。在绝大部分软体与硬壳选手的竞争中，拥有硬质外壳的生物更可能持久地占据优势。

让我们回头来看寒武纪早期的遗迹化石，那些蠕虫潜穴，我们发现即便是这些最简单的动物也能够在沉积物中挖道掘穴。我们推测它们还没有腿，因为还未发现任何足迹化石。那么它们是怎样移动的呢？我们认为它们体内应该分布有肌肉组织，可以让它们像现代蚯蚓一样收缩躯干、扭动身体。分节性是现在常见的驱体构型，但也是较为古老的形式。所以现代的昆虫都是分节的，因此“昆虫”（insect）的意思就是分节（in section）。但这一特征并非仅限于昆虫，而是它们从早期祖先那里继承而来。所有的节肢动物包括三叶虫都是分节生物，一些更简单的动物比如环节动物也是如此。古老的掘穴动物毛发藻迹的制造者很可能也是分节的，因为它们可以挖道掘穴，却没有明显的腿。

分节的起源显然应追溯到早期多细胞动物中。就像单细胞通过自我复制变成多细胞群落一样，早期多细胞动物也通过复制它们的细胞排列并连接成串来进行分节。分节性对动物来说是一项极好的生存策略，并不仅仅因为建立和连接这些组件是很容易的事情，而更是因为当你意外失去身体一部分时所造成的伤害不会太大。如果你看过科幻电影《地心末日》（*The Core*）的话，或许能回想起下面的例子：探险家们使用一个多分节的舱体深入到地球内部，一路上虽然失去了某些部分，但仍然幸存了下来。三叶虫和昆虫即便是失去身体的某部分，仍然比我们更容易存活下来。

早期骨骼长在体外是明智的。正像我已经提到的，将排泄产物排出去比储存在内部更合理。如果一只古老的蠕虫状生物进化出了坚硬的外

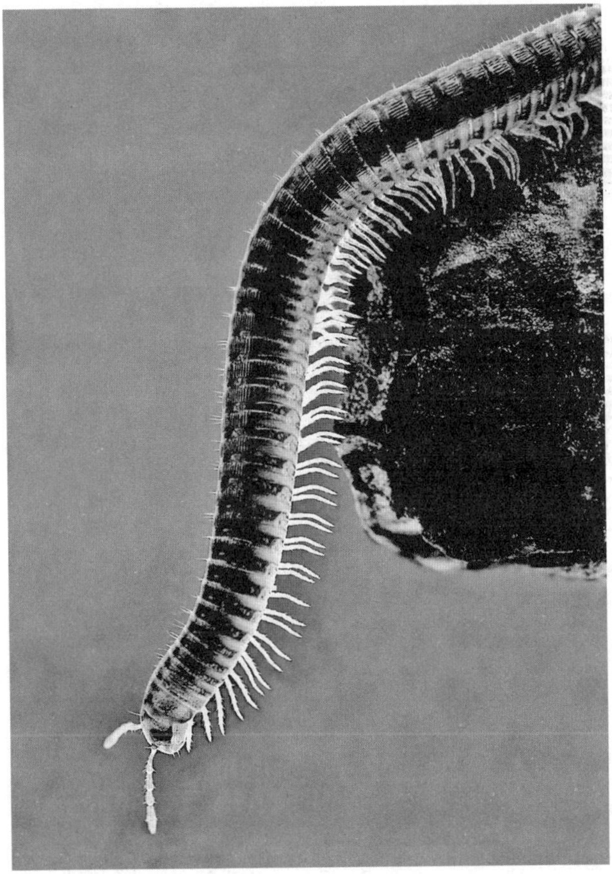

图 2.2 一只白色腿肢的千足虫，表现出一些节肢动物的特征：一副外骨骼，分节、成对、具有关节的腿。（凯文·墨菲 [Kevin Murphy] 拍摄）

骨骼，那么唯一可能的就是这些骨骼应该是分节的，就像我们在所有节肢动物中看到的一样。它们已经具有分节的肌肉。只有分节部分保持灵活性且边缘具膜结构，躯体的灵活性才能维持。一个整体硬化的外壳是没有功用且不利于适应的，因为完全硬化的生物根本无法移动。

节肢动物另一个特别重要的特征是具多分节的附肢。试想一下一盆美味的阿拉斯加帝王蟹腿，我想你知道我在说什么。硬质壳中具关节的附肢，这是定义节肢动物的特征，并同样也传承给了昆虫。“节肢动物”（arthropod）这个名字就可以翻译为“分节的足”，这是一个记住它的简便方法。你可以回忆一下当你的关节有问题时，我们都称它为“关节炎”。如果是脚有问题，你应该会去看足科医生。因此，节肢动物具有分节的附肢。

在寒武纪化石中，可以发现一些有关腿肢起源的迹象。一些早寒武世的环节动物如布尔吉斯刺毛虫（*Burgessochaeta*）每一节上具有成对的短小突起。这些附肢还没有分节，只有一些长的刚毛。显然它们并没有腿，但仍然可以用于移动。即便是在最简单的蠕虫类中，其中最小的一对体节突也可以改善与基底的摩擦力，还可以用于掘穴。每节两个成对附肢的出现，只是因为大多数的寒武纪动物都是两侧对称的。如果将它们纵向切开会得到相似的两半，就像镜像一样。

分节的腿肢不仅见于三叶虫中，在寒武纪其他种类的动物中也可以见到，其中有些种类至今尚未命名。它们都是多分节、多腿的生物，与现在的马陆和蜈蚣类似，但生活在海洋中。还有一些具小壳的节肢动物，可能是早期的甲壳类，也很可能是龙虾和对虾的先祖。另外还有一种 4 英寸（10 厘米）长，具盔甲骨板的圣诞老人蟹（*Sanctacaris*），它可能是演化出蝎子和蜘蛛的水生类祖先。但那时昆虫还没有出现。那么，这些动物是如何获得分节附肢的呢？假设这些细长的动物是通过同样的方法进行躯体分节的。一条长且不分节的腿肢是不灵活的，且不利于其使用。然而，任何腿节的排布都是非常有用的，能够确保其灵活性和抓取猎物的能力。正如节肢动物历史所显示的那样，这一简单的腿肢形式可以进行简易的修改，其形式和功能的种类之多令人惊异。昆虫使用它们的腿肢来行走、奔跑、跳跃、战斗、觅食、进食、清洁身体、游泳、掘穴、吐丝、交配、发声甚至是用于听觉。纺织娘（Katydids）的耳朵就位于其腿肢上。

三叶虫家族的兴盛与衰败

如果节肢动物如此伟大，那么在三叶虫身上究竟发生了什么呢？探究和理解三叶虫的命运，不仅可以解释为何三叶虫王国从兴盛走向了衰亡，而且可以体现出节肢动物生物学中至关重要的一些方面，这也可以帮助解释后来昆虫的兴盛与成功。毕竟，它们也是三叶虫的远亲。但它们不是从三叶虫祖先直接进化而来的，而更像其远房表亲。正如我们所见到的，昆虫成功的原因之一，是因为它们解决了三叶虫一直未能克服的一些问题。

我前面提到过三叶虫的种类在寒武纪时期一直稳步增加，并在寒武纪末期达到顶峰。在奥陶纪初期，三叶虫的多样性开始出现下降，并一直持续到志留纪时期。到二叠纪末期，它们就完全灭绝了。那么究竟是什么导致了三叶虫的减少呢？

奥陶纪的开始并不是以灾难性的环境事件为标志的，而是以生物群落的重大改变为特点。各种各样全新的生物出现在浅海中，许多更为与众不同的寒武纪动物如怪诞虫（*Hallucigenia*）则完全消失了。从我们人类的角度来看，奥陶纪是以鱼类的出现和多样化为标志的，它们是第一类明显具有大量骨骼特征的脊椎动物。因此，奥陶纪通常是以早期鱼类的出现为其最突出的特点。

我们要再次诋毁一下那些人类中心论的神话了。我们认可第一条鱼并非因为它们统治了动物世界，相反，我们是将它们作为最古老的脊椎动物祖先而向它们致敬的，并从人类角度上假定它们的出现必然是一次历史性事件。事实上，鱼类并没有改变太多事物，而且鱼类也不是奥陶纪中最多样或占据统治地位的动物类群。三叶虫的种类在整个奥陶纪已经开始走下坡路了，但在那 6200 万年中，它们仍然大大超过了鱼类的数量。到中奥陶世，三叶虫降至只有约 35 个科，但鱼类仅有 5 个科。同时期的头足类约有 50 个科，它们是具卷曲外壳的大型捕食性鱿鱼。我们可以将奥陶纪和寒武纪合并称为“三叶虫的时代”；或者要想反映那时生物群落发生的变化，那么我们就称奥陶纪为“头足动物的时代”。但我们要特别唤起对鱼类出现的注意，只是为了表现我们自我而已。如果你去亲眼看看早奥陶世生物群，仍然会见到大量的三叶虫，而不是许多鱼类。

那时，真正出现的场景是一些小皮卡虫的后裔萌发出了鳃和鳍，并开始游泳。在古老的皮卡虫化石和鱼类出现之间有几百万年的时间，所以我们猜想无论这一卑微弱小的生物是多么的脆弱，它仍然建立起了一种生活方式，使得它能够在晚寒武世的节肢动物群落中生活数百万年。接着在奥陶纪初期，随着鱼类的出现，已经见不到任何小皮卡虫的身影了。

我们也看不到具有脊柱或脊椎的软躯体蠕虫。或许皮卡虫这一谱系已经完全演变为鱼类了，也或许那些演化为鱼类的后裔又反过来吞食了最后的皮卡虫。

由于三叶虫开始减少的时间与鱼类的出现几乎是同时的，因此，很自然会认为鱼类在三叶虫的消失方面起到了很重要的作用。或许它们确实在其中发挥了一定作用，但显然任何事物的改变都不会如此之快。三叶虫多样性的下降是从寒武纪之后开始的，但直到2.5亿年前的二叠纪末期之前，它们都还未完全灭绝。鱼类的多样性只是在缓慢地增加，最初的鱼类都是无颌的，只能在沉积物中小口进食。鱼类进化出强有力的牙齿来咬碎硬壳，足足花了几千万年的时间。三叶虫保持着它们具硬质外骨骼的优势，仅仅在短暂的浮游阶段和蜕壳时的软壳阶段，对捕食者来说才是脆弱且易于攻击的。从奥陶纪到二叠纪时期，当三叶虫在逐渐减少时，头足动物的多样性却总是比鱼类的丰富得多，而且海生甲壳动物也在不断增多中。另外一种捕食性节肢动物，归属于板足鲎类的海蝎，也在晚寒武世时期出现了。这些险恶的生物具有一对巨大的螯爪，这使它们比可能捕食小型浮游类三叶虫的鱼类或者头足动物，能够更有效地捕食大型三叶虫。最后，甚至三叶虫自身也可能是导致它们灭亡的原因，因为它们也进化出了一些捕食性种类。奥陶纪时期，出现了巨型捕食性三叶虫等称虫（*Isotelus*），其长度可以达到16–28英寸（41–71厘米）。这一可怕的怪兽可谓是“奥陶纪的暴龙（*Tyrannosaurus*）”，也成为了俄亥俄州的代表化石。因此，虽然捕食压力的增高或许是三叶虫数量减少的一个可能原因，但很显然鱼类并不是它们减少的主要原因，或许鱼类都不是三叶虫的主要捕食者。

要想真正弄明白三叶虫灭绝的原因，我们需要把眼光从捕食者身上移开，去审视三叶虫生物学方面的一些特点。密歇根州立大学的三叶虫生物学家达妮塔·勃兰特（Danita Brandt）一直致力于三叶虫蜕壳方面的研究，她发现了可能导致三叶虫减少的一个重要线索。讽刺的是，似乎三叶虫最初能取得成功的法宝，它们的硬质外壳正是它们灭亡的关键原因所在。虽然三叶虫可能是第一类成功演化出外骨骼的节肢动物，但它们却未能完善好居住在硬壳中的整个过程。

达妮塔·勃兰特（Danita Brandt）也观察了在蜕壳过程中死亡的三叶虫幼体化石。她发现三叶虫的蜕壳方式是十分不规则且低效的。现代节肢动物比如昆虫，通过演化出一条蜕壳缝来掌握脱离它们外壳的高超技能，这条薄弱的缝沿着上方向下延伸，使得它们可以“拉开”旧的外壳。直到可以回收旧外壳中的物质，来重建下方柔韧的新外壳时，昆虫才会进行蜕壳。昆虫的新外壳可以迅速变硬，使它们能够在几小时内重获基本功能。然而三叶虫与之相比，却缺乏这两项创新特征。破除并脱离旧外壳的过程很不规则，甚至在某一种内也会有多种方式，因此蜕壳过程的死亡率很高。更糟糕的是三叶虫蜕壳间隙之间的脆弱期较长。它们似乎不能有效地回收利用旧外壳，因此它们必须在每次蜕壳后重新长出一套新外壳。对三叶虫来说，蜕壳间的柔软期可能要持续几天甚至几周的时间。

勃兰特（Brandt）还研究了三叶虫的存活率与它们的分节和壳刺情况的关系。她发现拥有较少体节和较简单刺的三叶虫，在蜕壳和长期存活方面更为成功。最后，她的研究不仅解释了三叶虫减少的原因，而且说明了其他节肢动物类群，比如甲壳类和昆虫最终成功繁衍的关键所在。所有的节肢动物都显示了不同程度的体节融合现象，这是由称为体躯分段的过程引发的。所有节肢动物类群中的基本形式，就是其多分节的祖先将体节融合形成功能性区段或体区，因为具有较简单体躯类型的节肢动物在蜕壳时会更有效，因此，也会在地质历史上延续更长的时间。虽然三叶虫的多样性，在早寒武世所有动物都首次演化出骨骼形制时有所增加，但在寒武纪末期，当其他诸如甲壳类和多足类发展出更有效的蜕壳手段时，以及诸如鱼类、鱿鱼和海蝎等新的捕食者出现时才开始下降。

现在映入你眼帘的是一幅4.44亿年前古代浅海的生命画卷。节肢动物，特别是各种各样的三叶虫在海底游移，在温和的海水中划游和漂浮。不断多样化的带壳头足类、鱼类、海蝎和甲壳类动物群落，一直在享用这顿三叶虫的蜕壳大餐。而到了志留纪，生命的大舞台则上演了一出在过去30亿年的地球历史上从未发生过的事件：动物们最终登陆了，大批植物在阳光下破土而出，陆生生态系统终于建立起来了。那么这一巨变究竟会带来什么呢？

3. 志留纪的登陆

万事万物都有自己的美，只是不是所有的人都看得到。

无名氏（幸运签语饼）

如果力量和体型就决定了一切，那么狮子就不会害怕蝎子了。

（更多的幸运签语饼）

像我这样年纪的人，一般都会清楚地记得 1969 年 7 月当人类第一次踏上月球时的情景。毫无疑问，我们将其视作重大的历史性事件。近 40 亿年来，第一次有一个物种离开了地球，真正踏上了另一个星球的土地，这个地方对生存来说是那么的遥远和危险，哪怕是短暂的探访也是极具挑战性的。和我的许多同代人一样，我还记得坐在麻麻点点的黑白电视面前，等待着尼尔·阿姆斯特朗（Neil Armstrong）从梯子上走下来，踏上土灰色的月球表面。对于那些不熟悉“黑白电视”的人来说，当大部分地球观众的电视屏幕上还没有出现色彩的时候，我们就完成了这一壮举是不是更加令人惊叹？阿姆斯特朗（Armstrong）的足迹深深植入了我们的文化心态之中，我敢断定你会记录下他们那时的情景。从此以后，我们在书籍、杂志、海报和电视上总是反复地看到他们。

我认为在生命的历史里曾有那么一天，另一个历史性的足迹被创造了出来。但我们很少在新闻中庆祝或听说过这一天。它发生在 4.43 亿年之前，就像宇宙大爆炸或超新星大爆发一样，这是一个单一性事件，在这一刻一个生物体，一只动物第一次踏上了陆地。

这些陆地上的足迹，远比我们在月球上留下的印迹更具有纪念性。当第一批动物离开海洋到陆地上定居时，那时的土壤是粗糙和令人生畏的。因此它们需要一套便于旅行的交通工具：一组能够承受陆地环境压力的骨骼系统和一组能将它们来回运移的运动系统。它们也需要必要的生命支持系统来保证它们的生存：防止太阳辐射、极端冷热和水分缺失的表面防护，还有一组能同时在气态和液态环境中正常工作的呼吸系统。最后，它们还需要一个不得不登陆的理由。很长一段时间里，生命在海洋中一直维持着舒适的生活，究竟是什么因素促使动物们迁移到这么一个无法想象且不利于生存的地方呢？

节肢动物的一小步

陆地定居的故事，通常认为是在 4.44 亿 –4.19 亿年前的志留纪时发生的。有证据表明在这之前已经有生物在陆地上生活了，因此对于“登陆”的含义也有很大争论。让我们重新回到志留纪上来。简单来说，志留纪是我们第一次发现大量陆地动物和植物化石的时期。到这一时段末期，这些生物群落至少已经在边缘潮湿的沼泽地区形成了陆地生态系统。虽然如此，这些简单的生态系统无疑衍生出了后来所有的陆地生物群落。

我很惊讶，人们是如此频繁地将“动物”与“脊椎动物”等同起来。最近我看到一篇有关“第一批登陆动物”的科学文章，但没想到里面说的却是肺鱼。现在让我来澄清一件事情：节肢动物才是第一批至少在早志留世时就迈开小腿踏上陆地的动物，节肢动物为了完成这场旅行进行了全面的准备。它们自寒武纪以来就具有必要的防护装备（外骨骼）和运动系统（分节的附肢）。我们那些慵懒、迟钝、黏滑、笨拙的肺鱼祖先，直到泥盆纪的某时才爬上了陆地，这足足比节肢动物的登陆晚了 4000 万年。而且它们能够完成登陆也是一件偶然事件，这要求一些鱼类刚好在鳍部发育出了足够的骨骼结构，以便在陆地上支撑它们庞大的体重。这是历史上的一个偶然事件，如果没有它们，所有我们这些陆地脊椎动物现在也不可能站在这里。所以，我们在这个故事中的存在似乎完全是不可思议的。

但正像著名漫画家拉里·戈尼克（Larry Gonick）所机敏指出的，我们这些肺鱼的后裔正是编写历史书的人。因而很有必要指出，那些非常狡猾的人类中心偏见学说通过简称志留纪为“登陆的时代”来形容我们进入生命的历史。我们可以随意且漠不关心地忽视这一显而易见的事实，那就是脊椎动物根本没有出现在首次登陆这出大戏中。几千万年以来，我们的祖先都一直在海洋中划游，而现在我们却神气十足地暗示这个舞台是莫名其妙地为我们准备的。在没有我们脊椎动物的情况下，当时的生命在陆地上已经舒服地度过了几千万年，它本可能永远这么下去。

同样的，通过称志留纪为登陆的时代，我们巧妙地将注意力从其他主要的生态系统即海洋那里转移了过来。我们赞美登陆仅仅是因为这是促发人类演化的一个必要过程，但志留纪时的真实故事，应该是海洋中那些辉煌夺目的生命多样性。志留纪还以第一批珊瑚礁的出现为特征。这些珊瑚与我们现今的种类不太一样，它们是古老的皱纹珊瑚和横板珊瑚，不久之后便灭绝了。三叶虫还在，仍然有许多种类与大量菊石、腕足动物以及各种鱼类生活在一起。这些鱼类大多无颌，但志留纪时也出现了第一种有颌鱼类，也是第一类具外甲板的鱼（称为“盾皮鱼”“placoderms”，有些可超过 30 英寸（76 厘米）长），以及第一类无颌淡水鱼。在回到陆地之前，我们必须承认那时的生物系统已达到了真正的顶峰，即志留纪生物多样性和生态系统复杂性的巅峰是在海洋之中。我们或许也可以称志留纪为“珊瑚礁首现的时代”。

虽然三叶虫在种的分异度上有所下降，但一些保存下来的种类在志留纪的珊瑚礁生态系统中依然十分常见。其中最多的一类三叶虫是著名隐头虫（*Calymene celebra*），现在已经是威斯康星州的代表化石了。在志留纪时期，现在的威斯康星州位于赤道以南，完全被满是三叶虫的浅海所覆盖。这些古代的温暖浅海在威斯康星州南部形成了一些石灰岩层，其中产出大量志留纪的三叶虫、软体动物、腕足动物和珊瑚。威斯康星州的三叶虫隐头虫（*Calymene*）是一类底栖生活的动物，它们能够把自己蜷缩成球状来躲避捕食者，这也可能是导致它们持续成功繁衍的重要行为方式。

威斯康星州并不是唯一一个向志留纪动物致敬的州。纽约州也发现了一种桨足板足鲎（*Eurypterus remipes*），并将其作为他们的代表化石。海蝎类生活于寒武纪至二叠纪时期，跨时约2.5亿年，虽然它们起源于海洋，但其中一些已经迁移至半咸水和淡水环境生活。海蝎类十分有名，很可能是迄今为止最大的节肢动物。其中一些巨型种类体长可达7–8英尺（2米多）。这些动物并非真正的蝎子，而更像肉食性的现代马蹄蟹。它们有一条长而锋利的刺状尾，因此称为“海蝎”，但并没有证据表明它们会用尾巴进行蜇刺。它们那大而带刺的附肢可以抓捕猎物，其中一些还具钳状爪。因此，这些可能是第一群可以有效取食硬壳三叶虫和腕足动物的捕食者。

全世界范围内已经发现了300多种海蝎类，但纽约州的这类化石尤为重要。1818年，海蝎化石首次发现于纽约州志留纪岩层中。约4.2亿年前，在波基普西（Poughkeepsie）与布法罗（Buffalo）之间的整个区域都被志留纪浅海所覆盖，因此这个岩层中遍布海蝎类的尸体，这里也被称为“海蝎墓地”。毫无疑问，这些生物当时就生活于志留纪海洋中最为壮观的珊瑚礁之中。

虽没有那么壮观，但数量庞大且多样的还是腕足动物，它们在远古海洋中演化出了3万多个种。它们中最常见的是灯贝，这个名称源自一些腕足动物的外壳与一种古代的罗马灯较为相似。它们与双壳类也很相似，但这种相似性只是表面的，因为双壳类的两壳大小相似，而腕足类背壳小，腹壳大。腕足类的多样性在奥陶纪时达到顶峰，但这一高分异度在志留纪时一直维持着。一些腕足类会将壳体粘连在物体表面以保持固定，因此它们在志留纪珊瑚礁建造中发挥了重要的作用。腕足类在古生代海洋中是如此之多，以至于在如今的美国中东部地区它们可能是最为常见的化石。我在孩提时发现的第一枚化石就是腕足类，是在密西西比河沿岸突出的岩石中发现的。肯塔基州宣布每一种腕足类化石都是他们的代表化石，便不再麻烦地去指定某一特定的属或种了，这样的话他们的代表化石也实在是太多了。

节肢类动物的大跃进

虽然珊瑚礁生态系统在志留纪时可谓达到了其生物的高峰期，但由于我对节肢动物的些许偏爱，而昆虫又基本上是陆生动物，因此登陆的故事在这里还是必须要讲述的。大约花了数千万年，最终陆地上的物种分异度还是超过了海洋中的；而现在热带雨林生态系统的生物复杂性远远超过了海洋生物礁中的。那些小型节肢动物迈着噼噼啪啪的响亮脚步，跨越了漫长的沧桑岁月，并对塑造随后的生物多样性方面具有深远的影响。

许多生物学家一直认为，只有植物首先登陆了才能建立起供动物生活的生态系统。但一些确凿的证据表明事实或许并非如此。一些节肢动物的足迹化石，可以追溯到晚奥陶世的沉积物中，即便是陆生植物在那时就已经存在了，但根据这些足迹也可以很清楚地看出节肢动物正走出广阔潮湿的海底，与植物完全独立，最早地踏上了陆地。

如果节肢动物在 4.43 亿年前就已经漫步于海滩上，那么它们会在那儿干什么呢？它们可能正在躲避深水中的捕食者。我们只能猜想，踏足陆地的最早动物是那些生活在极浅水环境潮间带的节肢动物。与我们长期相伴的月球通过影响潮汐作用，在生命演化中扮演了十分重要的角色。当潮涨潮退，任何生活于低潮带潮湿海岸线的节肢动物都能大为受益，因为它们可以轻易地躲避大型捕食者。随着志留纪向前推进，珊瑚礁呈现出了日益增长的不利态势。当潮汐退去，那些用鳃呼吸的捕食者，如海蝎、头足类、鱼类和大型三叶虫都游入了深水区。而生活于海岸线的小型节肢动物或许这时就可以享受这个宁静安全的港湾了。

似乎有两类节肢动物同时向海岸线进军：蛛形类（arachnids）和多足类（myrapods）。蛛形类由蝎子和蜘蛛、白蚁等的共同祖先组成；而多足类具修长、多分节和多足的特征，后来演化出了马陆、蜈蚣和昆虫等。让我们轮流一个个来审查这些动物，想想它们是如何以及为何要移居海滩的。

图 3.1 卷曲的马陆是多足类的经典例子：一只修长、多分节且多足的节肢动物。跟这个有点像的动物是首批登陆的动物之一。（西田健二拍摄）

海滩上的螯刺时代

蝎子是最古老的陆地动物化石之一，可以追溯到晚志留世时期。我们之所以称志留纪的蝎子为“陆生的”，是因为它们显然已经摆脱了水而可以在海岸线一带生活了，但普遍的观点认为它们还是半水生的。它们使用大量呈书页状扁平排列的呼吸板来进行呼吸，这些鳃一般被称为“书鳃”。这些呼吸板必须保持湿润才能够工作，因此志留纪的蝎子只能在水中进进出出来确保它们的鳃是潮湿的。在不久后的泥盆纪，蛛形类发展出了与之类似的却位于体内的“书肺”，从而完全变为陆生生物了。和许多现代半水生动物一样，志留纪的蝎子在确保它们的鳃是湿润的前提下，很可能冒险持续在海岸线一带活动。

通过观察和比较志留纪的蝎类化石和现生的蝎子，我们可以对这些早期陆地居民有更多的了解。这是因为现代世界里包含了各个不同历史时期进化出的生物组合。不同的物种有不同的演化速率，这取决于它们如何与它们所处的环境相互作用。适应性强的生物可能在长时间内都不会发生急剧的变化，因此很早之前就演化出来的物种，比如马蹄蟹和蝎子，就被称为“活化石”。但这并不是说蝎子一直没有进化和改变，实际上它们有变化。在早志留世的某一时刻只有一种蝎子，而且是水生的。而现代有 1100 多种蝎子，而且每一种都有自己独有的特征。它们都是陆生的，一些还适应了某些干燥环境如沙漠的生活。但其他一些仍然需要潮湿的生存环境，它们更喜欢生活在热带雨林中。当你盯着一只蝎子看时，你面对的是起源于早志留世的、首批陆地居民中的一种躯体构型。

蝎子都是夜行性的。白天时，它们都躲在岩石和其他物体下方的缝隙中。如果第一批蝎子也是在夜晚活动的，那么它们开拓性地踏上陆地很可能是在月光下发生的，也是为了躲避强烈的紫外线照射。切记古老的蝎子是用书鳃进行呼吸的，因此，只有确保鳃的湿润才能让它们冒险出水登上陆地。

蝎子都是肉食性的。它们从不吃植物，因此，这些节肢动物在植物登陆前完全可以在陆地上定居。现生蝎子主要取食的昆虫在志留纪时还未出现。那么，它们能吃什么呢？如果当时多足类也同时占据了海岸线，那么蝎子们就可以以它们为食了。如果还没有的话，在岩石潮间带仍然有大量可供选择的美食。在低潮期，与如今的情况一样，会有大量小动物困在浅水潮池中。蝎子们可以轻易捡拾一些软躯体动物如蠕虫、小鱼和蜕壳的三叶虫，通过爪状具螯口器将猎物撕碎送入口中。海蝎还具有称为须肢的大型钳状爪，能够抓住猎物并将软组织从硬壳中拉出，以及可以麻痹小动物的毒针。自从腕足动物在志留纪的潮间带大量繁盛起来之后，它们便成为早期蝎子可能的猎物；如果蝎子能够通过它的蜇刺袭击腕足类的软体部分，那么，之后它会用钳肢将软体从壳中拽拉出来。

蝎子的名声不太好并不是什么秘密。我们普遍厌恶它们可能是很有理由的，所有的蝎子都具有强效毒液可以用来麻痹和制服猎物。最起码它们的叮刺十分疼痛，而最糟糕的是有时还是致命的。由于它们喜好在黑暗中到处活动，而此时我们却看不见它们，这使得对我们来说周围有蝎子实在是一件不太愉快的事情。如果你在热带旅行，每天早晨你确实有必要甩甩你的鞋子，因为蝎子很喜欢藏在里面。

一些科学家认为人类会天生害怕某种危险的动物，比如蛇和蜘蛛。

我们也应该把蝎子放入这个名单，因为只要看它一眼就会让我们许多人恐慌不已。或许是我们对这些生物保持着某种原始的、天生的恐惧。让我们考虑一下我们志留纪时似鱼祖先的处境：在深水区的珊瑚礁旁，它们不得不与像海蝎这样可怕的生物进行对抗，而在温和的浅海中，它们又不得不与像刺人的蝎子这样的生物竞争。志留纪对我们脊椎动物祖先来说并非一个很理想的时期，所以我们实在是很幸运能够存活下来。

已经说了这么多有关蝎子的险恶事情了，我现在要给你们一个喜欢它的理由。雌性蝎子真的是一位很慈祥的母亲，事实上，它们是亲代抚育方面最古老的例子。与大多数的雌性节肢动物产卵后任幼体自生自灭

图 3.2 一只母蝎和她背上的幼蝎。（彼得亚雷 · 纳斯克雷克拍摄）

所不同，雌蝎会将受精卵放在体内。这些卵要花费许多个月才能孵化出来，最终一只雌蝎能分娩出 6 至 90 只小蝎子。这些小蝎子看上去就像是它们母亲的缩小版，它们爬上母蝎的背部，要骑乘着妈妈一周或更长的时间。小蝎子在母蝎的保护下直到它们完成第一次蜕壳，然后它们就可以自己去闯江湖了。

然而，仅仅因为它们是好妈妈并不意味着雌蝎就是好妻子。除了危险之外，它们比雄性体型更大，所以，雄性在尝试与雌性交配时总是显得较为谨慎和尊敬。在它们精心设计的求偶仪式中，雄性与雌性总是面对面，翘起它们的尾巴，数小时甚至数天里都在绕圈。交配过程最终也是间接进行的。雄蝎制作一个精囊，由一层膜将一袋精子包裹而成。当雄性认为时机成熟，并不是通过直接与雌性交配从而将自己的精子传递给她，而是把精囊放在地上，再尝试引导雌性前来。这一古老的行为方式听起来似乎不太有效，但似乎对蝎子来说足够用了，现代最原始的昆虫中还依然保留着这一行为模式。

蝎子的生殖行为可能为志留纪的登陆提供了独到的见解。精囊膜可以有助于减缓干燥，但它需要保持湿润，否则精子细胞将会脱水死亡。由于太阳辐射会破坏这些细胞，所以精囊传递能够在黑暗的笼罩下更安全地完成。这表明蝎子最初占据海岸线不仅是为了搜寻食物，或许也是在浪漫的志留纪月光沙滩边闲荡。然而，雌蝎会保持在体内育卵和产生母亲保护年幼个体的事实表明，志留纪的海滨依然十分危险。比起待在深水区，它们在这里可能还是相对安全一些，但是这里仍然有捕食者，比如蜈蚣、其他蝎子以及同类中的更大个体，它们都会吃掉蝎子的卵和幼虫。

她长出了腿——

多足类，昆虫的多腿亲戚，一直处于故事的幕后，我们还没有去更多地谈论它们。你也许还记得，在早寒武世布尔吉斯页岩动物群的海洋中，有一些这样的多腿生物在海底匆匆小跑。它们的躯体构型很简单，头上有一对触角，头的后面分节为众多的体节，每一节上都有一对腿肢。通过我们前面已经讨论过的三叶虫的体躯分段过程可以看出，节肢动物能够演化出大量的体躯形式，与之相比这仅仅是最简单的体躯形式。功能性区段可以通过体节愈合来实现。通过对腿肢的改造，取食附肢和交配结构也可以演化出来。多足类以其万能的躯体，现在成为了我们故事的主角，因为它们是我们现代昆虫的祖先。

这里要提到多足类的三个类群。前两个对我们来说很熟悉：蜈蚣和马陆。第三个综合虫类（symphylans）是稀有的热带类群。这三类都是气管呼吸型，通过内部的管子运输空气。这意味着气管呼吸是首批多足类适应陆地生活的一项创新手段，然后，它们又把这一特征遗传给了昆虫。虽然蜈蚣和马陆让我们知道了许多有关它们首次定居陆地的情况，但它们都以各自独特的方式发生了特化，并演化出了区别于昆虫的不同的纲；另一方面，热带的综合虫类（symphylans）拥有更为简单的体型，更接近于演化出昆虫的祖先类型。

蜈蚣可能是多足类中最为常见的一类，大约有 3000 种，大部分生活于热带地区，主要在夜晚较为活跃。蜈蚣有 30 条或更多的腿，每个体节 2 条，它们很明白怎样使用这些腿肢，很多种类都可以跑得非常快。与昆虫不同，蜈蚣没有防止水分流失的软壳。它们很容易被风干，因此它们偏好生活在靠近泥土的潮湿栖息地，这也可以躲避阳光的直射。蜈蚣都是捕食性的，它们用其尖牙状的前肢抓捕小动物，前肢中还内藏毒腺。大多数蜈蚣是以其他小型节肢动物为食的，但一些可以长到 10 英寸（25 厘米）长大型热带种，则可以捕杀一些小的脊椎动物。与捕食性蝎子类似，蜈蚣也能在岩石潮间带生存，在植物登陆之前长期以其他小型动物为食。

腿最多的节肢动物马陆也称为倍足类，因为它们进化出了一种特殊的身体类型：每个体节都有 2 对足而不是 1 对足，包含 2 对神经束和心

图 3.3 一只白色的马陆（带马陆目 Polydesmida）呈现出那些长腿多足类的一个特征：每一节都有 4 条腿。带马陆类是千足虫中最大的一个目，已知的种已经超过了 2700 个。（西田健二拍摄）

脏瓣膜。这表明它们现在的体节是由两个具1对足的原始体节融合而成。世界上大约有7500种马陆，虽然它们主要生活于热带地区，但也能在世界各地发现。

马陆比蜈蚣要漂亮得多。如果你想要养一只志留纪的宠物，我一定会推荐一只[①]。它们是非常友善的，没有毒，也不会咬人，如今很容易在宠物店发现一些大型非洲马陆在售卖。然而与蜈蚣一样，马陆也喜欢躲避阳光，因此它们就藏在苔藓中、在土壤或松垮岩石中挖掘通道或居住在洞穴中。少数种类还可以以软体节肢动物和蠕虫为食，但大部分是食腐性的，它们除了分解真菌或细菌堆积物外，还可以分解植物性物质。似乎马陆就是另一类在植物登陆前就能很好地定居海滩的节肢动物；这些食腐动物已经能够食用一些非植物性的有机质，比如分解志留纪微生物土壤中的绿藻席、真菌和菌绒。

综合虫类虽然通常不为众人所见，但它们在昆虫的故事中仍然十分重要，因为它们与演化出昆虫的多足类祖先十分相像：即一种比马陆和蜈蚣的体节更少的小生物，每节只有两条腿。综合虫类都十分小，只有2–10毫米长（不到半英寸）。它们大约有120个已知种，多栖息于热带地区。就像马陆一样，综合虫类在土壤和苔藓中过着隐秘的生活，分解植物，防止阳光照射。现代的综合虫类主要取食腐烂的植物，但与马陆一样，它们能够在陆地植物出现之前就生活在富含有机质的微生物土壤中。

这些苔藓中的神秘居民，有一种极不寻常的繁殖方式。雄性综合虫会制作精囊，并将其留在长的植物茎秆顶端。雌性需要四处徘徊去寻找

① 然而，期待它们能活更长的时间。我的同事尼娜·孜塔尼（Nina Zitani）的宠物马陆存活了将近12年。

它们。当发现一枚精囊时，雌性综合虫会吃掉它，但却不会消化它，而是把精子储存在颊内特殊的囊袋之中。当她产卵时，会靠过去用自己的口器捡拾起来，让其受精并将受精卵黏结在一片苔藓上。

绿色浪潮：植物在海岸线登陆

在志留纪末期，新型的高大植物也参与到多足类改变志留纪陆地景观的大军之中。有两条证据向我们展示了它们是什么样子。大约 4.2 亿年前的晚志留世保存的化石包含古老的莱尼蕨类植物，它是根据一种泥盆纪早期的莱尼蕨属（Rhynia）命名的，发现于苏格兰莱尼燧石层中。最古老的光蕨（*Cooksonia*）是最早的维管束植物，它只能长到几英寸（十几厘米）高。由于形态十分简单及半水生生活，莱尼蕨类大多生活在水体边缘一带，可将某些部分露出水面。它们没有叶片、花朵或深根，泥盆纪早期更为进化的种类相对较矮小，只有 50-60 厘米高（大多矮于 2 英尺）。莱尼蕨类具有匍匐茎可以沿着海岸边生长，向土壤中伸出小根毛，而顶部则向上大量伸展枝干。每一个垂向枝丫可以交叉一次或两次，在尖端形成的生殖结构称为“孢子囊”。莱尼蕨的侧枝使它们可以密集覆盖于潮湿的海岸线，因为它们保持着导管状的流体输送组织。

第二条证据来自植物 DNA。分子研究支持了长久以来的假设，陆生植物是从光合绿藻中演化而来的，那些非维管束植物，苔类和藓类在志留纪先演化出来，之后出现了原始的维管束植物，如蕨类植物。苔类和藓类需要大量的水分才能生存，且它们死亡时能迅速分解，因此它们无法很好地保存为化石。然而我们可以肯定，在晚志留世的海岸线附近到处可以看到它们的身影，同样也随处可见莱尼蕨类和多样的土壤真菌[①]。

如果我到目前为止还没有过多地谈论植物，那是因为陆生昆虫在植物具有登陆和生存能力之前就已经繁盛了数百万年。节肢动物拥有最初始的优势，因为它们首先发展出了外骨骼。更重要的是，这些动物能够选择它们登陆的最佳时间。由于它们是夜行性的，这样可以轻易躲避阳光中的有害射线，因此节肢动物在臭氧层形成之前就可以登上陆地了。它们在黑夜的笼罩下便登陆成功。

另一方面，植物也需要阳光。它们没有能力在夜晚时向海岸移动，而在白天时躲藏起来。只有以下两件事情发生后，植物才能在陆地上生存：要形成足够的臭氧层，它们才能安全地整天暴露在外；紧接着它们还要发展出结构支撑机制。直到晚志留世，通过进化出复杂的木质素和纤维素分子，将坚硬的物质重组为液体运输包，它们才终于解决了结构支撑的问题。一些科学家认为植物应该首先登陆，因为应该是它们产生了陆生动物所需的氧气。其实在植物登陆前的数十亿年，蓝藻菌和绿藻已经制造了空气。讽刺的是，为了保证臭氧层过滤紫外线的作用以及建立木质素和纤维素，它们需要提高氧含量。

从如何解决在陆地上生活的困难方面，来比较和对比植物与昆虫是非常吸引人的。两者都要面临潜在的严重缺水问题，因此两者都进化出了外表皮来保存水分。因为密实的表皮对于氧气和二氧化碳来说是不能

---

① 最近真菌分子研究表明，真菌多样性的主要世系是与早期维管植物和陆地生态系统的多样性协同演化的。真菌的多样性显然有助于适合陆地植物定居的微生物土壤的演化，而真菌也促成了诸如马陆和综合虫这样的食腐节肢动物的日常饮食。你可以在以下文献中阅读更多关于真菌演化的内容：罗伯特·鲁金（Robert Lücking）、萨宾·洪多夫（Sabine Huhndorf）、唐纳德·菲斯特（Donald H.Pfister）、艾美·里瓦斯·普拉塔（Eimy Rivas Plata）和鲁姆博斯基·索斯滕（H.Thorsten Lumbsch）等的《步入正轨的真菌演化》，《真菌学杂志》（*Mycologia*）101（2009）：810-822.

透过的，所以，植物演化出了称为子座的呼吸孔，可以方便气体交换并能够通过开闭来保持干燥。这些可以直接类比于昆虫的气门。植物需要发展一套内部水分交换机制，因此它们通过防水木质素加固细胞壁并新建内部管线，即管胞。这与昆虫的开放式循环系统比较类似，可以保证内部器官与体内液体齐平。正如昆虫进化出一套骨骼系统用于支持身体一样，植物也使用木质素组建木质部和使用纤维素组建坚韧的细胞壁，来达到相同的目的。然而由于植物并没有可以避免阳光照射的选择，因此它们演化出了一些复杂的分子，即类黄酮化合物，可以作为防晒霜防止细胞遭受过量的紫外线辐射。为了保护它们处于顶端的孢子，它们还进化出另一种防晒霜，即孢粉素。

其中一些植物的适应性影响了昆虫的演化。因为木质素和纤维素都很坚硬并极难消化，它们可以保护早期植物茎干不被潜在的植食性动物啃食。在节肢动物们想出消化木质组织之前，早期植物已经度过了几千万年的平静生活。类黄酮防晒霜也可以阻止植食性动物的取食。最终昆虫发展出消化机制来处理这些化合物，甚至将它们变为自己身体的防御体系，但要达到这一目标依然花了它们数千万年。只有早期植物的孢子能够提供营养和稳定的食物资源。然而植物将形成孢子的结构高置，以躲避多足类和类似的躲在土壤层中的动物来保护自己。它们还使用植食性动物沼泽化策略，产生过量的孢子，从而使环境中泛滥着超出植食性节肢动物所能吃掉的食物。几百万年之后的泥盆纪时期，这些营养的孢子可能会引诱古代昆虫远离地面到高处享用美味，由此可能激发出了翅膀和飞行的演化出现。

然而长久以来，第一批陆生动物和植物一直是和平共处的。没有哪种早期陆生节肢动物是真正植食性的。相反，像蝎子和蜈蚣之类的都是捕食者，而像马陆和综合虫之类的都是食腐者，它们取食微生物土壤中的有机质，或许也会食用一些莱尼蕨的孢子。现代马陆和综合虫喜欢在苔藓丛中掘穴，因此古代陆生动物毫无疑问会在一登陆后就搬入苔藓丛中生活。但并无证据表明它们会食用整株植物。我的植物学同事听到这些可能会有些激动，但我只能说“植物为节肢动物提供了一片基底”。藓类植物为多足类提供了居住的愉快场所，还可以避免阳光的照射。当然益处是相互的，因为在掘穴和取食的过程中，多足类也在翻动和疏松土壤，使其中的营养物质得到循环，为植物登陆创造条件。与传统观点背道而驰的是，动物很可能比植物更早地登上岸，为了迁移至内陆，植物需要动物群落先改善土壤。

到 4.19 亿年前的晚志留世时，第一批陆生生态系统已经建立起来了。对我们来说它们无非如此：当海岸线已经是绿藻席和苔藓类中夹杂着几英寸（十几厘米）高的莱尼蕨（*Rhynia*）时，内陆地区仍然暴露在外，干燥且除了土壤中的微生物外毫无生命迹象。不过，虽然志留纪的莱尼蕨沼泽的高度还达不到我们现在的标准，但它们仍然为蝎子、蜈蚣、马陆、综合虫和其他节肢动物居民提供了一个虚拟的微型丛林。但在 2600 万年后，志留纪来到了尾声，而泥盆纪即将要来了，那将会带来些什么呢？最终，植物将席卷整个陆地，越长越高，第一批森林出现了。地球变成了绿色，第一批昆虫群落也崛起了。而最终在那些勇敢的节肢动物先驱第一次踏上陆地的几千万年之后，我们慵懒的祖先，四足肺鱼终于硬化了它们的鳍，深深一吸，将脑袋探出了水面，想着——“那上面发生了什么呢？”

4. 苔藓丛中的穿梭

我们居住在一个满是昆虫的世界。

史蒂芬·马歇尔，《昆虫，它们的自然历史和多样性》

我在密歇根州已经住了有些年头了，但我仍然无法看到我的右手掌就想起这个州，以及在五大湖区沿岸的阳光沙滩上所享受的悠闲愉快的午后时光。就像任何一个密歇根居民会告诉你的一样，你的右手是由泥盆纪肺鱼的鳍演化而来，这也正像该州地图的下部形状。事实上，密歇根州是少数几个具有特殊形状的可以轻易识别边界的州之一。但也不总是如此。手套状的密歇根下半岛（Michigan's Lower Peninsula）是由持续了160万年左右的冰川作用切割而成。当这些冰原生长和后退时，会产生比开凿五大湖盆地更深刻的影响。一路沿着沉积物沉积的方向向下，包含了许多4.19亿-3.59亿年前泥盆纪时代的岩层。这些岩石都被撕扯破碎了，小碎片随着冰川被拖着走。软的岩石被冰川中的沙砾剥蚀和磨光。当冰雪融化冰川后退时，碎片便洒了一路并掉入五大湖寒冷的湖水中。在那之后的几千年里，波浪中的沙砾沿着岸边冲刷着古老的岩石。结果是大部分都被打磨圆滑，与人们脚下的海滩和谐地混合在了一起。

佩托斯基石（Petoskey Stones）的思考……

我的父母在 20 世纪 70 年代搬去了密歇根州下半岛的北部，因此，我有许多机会可以拜访博恩（Boyne）城、夏利华（Charlevoix）和佩托斯基（Petoskey）附近的海滩。仅仅因为其美丽的水体和海岸线以及它们柔软的沙滩，这里就被人们经常光顾。但这些特别的海滩还有其他出名的原因：它们是佩托斯基石（Petoskey stones）的主要来源，这也是密歇根州的官方石头。佩托斯基石其实是一种化石。它们是小块的古代珊瑚，从一度占领整个浅海的大珊瑚礁中脱离出来并石化而成，这些大珊瑚礁在约 3.6 亿年前的晚泥盆世时覆盖了整个密歇根州。对任何一个生长于该州的人来说，它们必然是最受喜爱的泥盆纪化石。

佩托斯基石的共性让我们感受到泥盆纪珊瑚礁生态系统究竟有多么广阔。迄今为止发现的最大石头是位于密歇根州西部的睡熊沙丘（Sleeping Bear Dune），重量超过 1 吨。其他大部分都比这个小。如果你在夏利华附近的海滩边漫步，你会很容易在水中发现它们。当石头被浸湿后，其上珊瑚独特的形状就能生动地显示出来了。活珊瑚本身有一个科学的名称，即六方珊瑚（*Hexagonaria*），这反映了它的形状是六边形。潮湿石头的纵切面看起来就像蜂巢的一个房室。如果你捡起一块浸湿的佩托斯基石，你会发现它的表面总是很光滑。这种岩石十分柔软很容易被含砂的波浪所剥蚀，仅需要一小张砂纸和一块软布，你就可以把它们打磨得更加光滑，这也反映出它们复杂的六方珊瑚架构形式。一块抛光了的佩托斯基石总是让人感觉有些油腻，有时我也会拿起一块，摩擦它的反光面，试着想象远古泥盆纪时期的场景。

佩托斯基珊瑚使我们注意到泥盆纪珊瑚生态系统持续的重要性，但对这一时期的讨论常常会提到其他的场景。古脊椎动物学家在讲述生命的故事时，总有些自负地将泥盆纪称为“两栖动物的时代”。这是我们两栖动物，四鳍的肺鱼祖先第一次蹒跚出水的时期。为了给它们辩护，我将指出那些想出这个名称的古脊椎动物学家和地质学家，是为了用演化体系取代教条主义框架。出于必要，他们要用文字证明地质历史中脊椎动物的演变过程，但这么做不知不觉就建立起了一套新的脊椎动物中心论体系，从而忽视了地球生命历史上的许多重要事件。其他生物学家或许会从不同的侧重点来讲述这个故事。植物学家会骄傲地说起陆生植物的扩张，泥盆纪第一批植物起源时是具有根、茎、叶和种子的。这是第一次有森林和绿地，至少沿着水路一带是这样。细菌学家或真菌学家毫无疑问会谈到的可能是微生物土壤的扩张，细菌和真菌土壤的发展产生了森林。但作为一个昆虫学者，我会为这小小的隐蔽性生物，即最早的昆虫，以及它们在其中令人惊异的作用而代言。

尽管我刚提到陆地生物的增殖扩张，但泥盆纪物种丰富度真正的巅峰是在海洋珊瑚礁中发生的。当低矮的森林第一次在海岸边成长起来时，附近的珊瑚礁生态系统已经发展出了高度的多样性和复杂的结构性。泥盆纪珊瑚礁是由与如今大不相同的横板珊瑚和鹿角珊瑚构成的，这些珊瑚礁上粘连生长着多种多样的腕足类。从志留纪到泥盆纪时期，对虾和龙虾的远亲甲壳类动物群落，已经远远超过了三叶虫的种类。原来被三叶虫占据的生态栖息地，如今已被更多现代类型的节肢动物所填补，比如可怕的海蝎，它们一直是泥盆纪珊瑚礁中最重要的捕食者。鱼类的多样性也首次超过了三叶虫，但肉食性的头足类“鱿鱼”仍然比鱼类的品种要多，并且在整个古生代时期，在种数上也一直是超越它们的。

虽然三叶虫的多样性已经降至仅有晚寒武世巅峰值的25%，但它们在古生代中期的海洋中建立起了一个新的平衡。在志留纪到泥盆纪的几千万年中，三叶虫的种群数量都是保持平衡的。到了泥盆纪末期再次陡然下降。虽然三叶虫的种数自寒武纪以来就已经大为下降，但千万不要以为它们在泥盆纪珊瑚礁生态系统中就完全不重要了。三叶虫的种数还是比较丰富的，它们已经很好地适应了那时的环境。在泥盆纪珊瑚礁中取得成功的是一种“蛙眼”三叶虫，蛙型镜眼虫（*Phacops rana*），它是一种繁盛于当时北美东部浅海的三叶虫，因此成为了宾夕法尼亚州的代表化石。这一独特的三叶虫拥有从两侧突出的大眼，这也是它们名称的由来。这些眼睛想必是对生活于满是捕食者海洋的一种适应方式。随着泥盆纪鱼类的增加，海洋中的扰动也日益增多。与三叶虫其他的幸存者一样，当蛙型镜眼虫受到扰动时，它能够将身体蜷卷成球状来保护自己。到晚泥盆纪时，12英尺（3.6米）长的肉食性鱼类含肺鱼（*Hyneria*）在水道中十分常见。因此当这些早期的四足肺鱼探出水面时，它们正好奇地想着在前面的海滩上会有什么？但你应该庆幸，它们更加明白在后面深水区中藏着什么。我们的远亲又一次面临最危险的敌人，来自大鱼的捕食压力可能促使肺鱼向海岸线进发。

牛皮吹破了：来打击一下我们脊椎动物的自尊吧

最近，我看到一期1999年5月的《美国国家地理》杂志。封面是一连串文章的标题，包括“地球生命的崛起”。我觉得这个标题已经十分明确了，因此我翻到第114页，满心期待着看到有关30亿年前，前寒武纪时期细菌生命演化的精彩故事。可以想象得到，当我看到整个标题原来是“地球生命的崛起，从鳍到足的演化”时有多么惊讶！这是有关3.65亿年前首批两栖动物出现的文章。它们是首批去泥地溜达[①]的脊椎动物，因此我想我们也不应该觉得惊讶。毕竟，是我们脊椎动物在讲故事。但你会看到，在如今21世纪初始之际，我们仍然在不断以脊椎动物的发展来反映古生代的发展。即便在我们的文明时期，有时生命也会被等同于动物，动物被等同于脊椎动物，而地球又被等同于陆地。不管怎样，这都是我们人类中心偏见论在为我们脊椎动物祖先提升地位而寻找机会。然而真相并非如此。正如寒武纪以来的每个时期一样，无论是在海洋中还是在新兴的陆地生态系统中，泥盆纪节肢动物的多样性都要大大超过脊椎动物的种类。陆生节肢动物群落并不需要爬出水面的两栖动物来维持生存；相反，早期两栖动物需要以陆地节肢动物的繁盛为基础。大型两栖动物可能会捕食鱼类，也或许会同类相食，但未成熟的或小型的两栖动物就跟现在一样，显然需要捕食小型节肢动物，比如潮湿海岸线上丰富的马陆，来作为其重要的一个食物来源。

如果我们能够回到过去，漫步在泥盆纪的海滩上，我想我肯定会从

① 在这里我是富有艺术性地使用了“溜达”这一词语。最近有关3.6亿年前的两栖类鱼石螈（*Ichthyostega*）的研究表明，它只能通过弯曲和伸直它的背部来缓慢向前移动。最早的两栖类可能会拖曳着它的后腿和尾巴。

海滩上捡一袋子的碎珊瑚。我相信任何一个科幻小说的忠实读者都会告诉我这是不明智的，但如果我真的看到一条肺鱼或两栖动物浮出水面，直到它们走开前，我想我都会向它们投掷珊瑚块，肯定会出现“水花四溅”的场景。让我们闭上眼睛想象一下那时的情景。让我们向那些讨厌的两栖动物投掷碎珊瑚，直到把那些肺鱼全部吓回水中。我不想它们打乱这个故事剩下的部分。

进入树林

泥盆纪时期另一个头条新闻就是陆生植物群落的发展。回想一下，第一批陆生植物还没有深入的根系，它们需要在潮湿的环境中才能繁衍下去。因此，泥盆纪的“陆生”植物群落是在海岸线的沼泽与河口中、湖泊与河流中，以及其他存在水、土壤真菌和沉积物的低地中生长的。大部分内陆和逆坡处的陆地景观都保持着岩质、干燥、晒裂、风刮，除了微生物土壤之外都是不毛之地。

我们可以通过观察一些泥盆纪时期的植物化石，来好好了解那个时期植物群落的情况。缅因州的代表化石四列长干木（*Pertica quadrifaria*）（一种早泥盆世的陆生植物）就提供了一个很好的开始。与之前我们谈到过的相比，这是一种稀少但与众不同的化石。约 3.9 亿年前，一座火山喷发了，其火山灰将数量庞大的长干木（*Pertica*）植物埋藏了起来。一片长干木“森林”在火山灰层中石化，并在缅因州卡塔丁山（Mount Katahdin）附近的鳟鱼谷（Trout Valley）被重新发现。缅因州的长干木在许多方面都与它们志留纪对应的高级版本，第一种维管束植物光蕨

（*Cooksonia*）较为相似。与光蕨类似，长干木没有叶片、花朵和深根。但它们分叉更多且长得更高。它们是那个时代的巨人，可以长到 9 英尺（2.7 米）或更高，与现代植物不同的是，它们没有叶片或花朵，只有大量叉枝和茎干。光合作用发生在顶端枝干外层所暴露的绿细胞中，茎干的顶端是生殖孢子囊。这些早期植物群落的主要策略似乎是长得更高，以便将更多的细胞暴露在阳光下，同时将繁殖结构放置得更高以利于风的传播。那么光合作用型生物会进化得更高大，也就十分自然了。

由于缺乏锚固的植物在风暴中很容易被吹跑，因此下一轮的植物创新中包含根系的演化也就不足为奇了。纽约州东部的基利波化石森林（Gilboa Fossil Forest）提供了一些有关中泥盆世植物的深刻见解。基利波海岸线是由一个复杂的植物群落组成，包括覆盖地面的低矮植物、小型灌木植物和具有根茎叶，小到中型的，15–25 英尺（4.6–7.6 米）高的树状植物。基利波植被在许多方面都较为简单。它们的根系较浅，这也限制了它们在水边沼泽里的生长。另外，它们的叶片排列得较为稀疏，无法形成密林，而是形成开阔、阳光充足的区域。最后，它们稀疏的叶片结构表明，它们形成的落叶层是极薄的，所以，此时有机质的聚集比在未来的森林中更为缓慢。

到晚泥盆世时，高大的乔木森林出现了。或许最著名的就是那些遍布所有大陆的热带古羊齿（*Archaeopteris*）树，它们可以长到 50–60 英尺（15–18 米）高，拥有浓密的灌木叶片，从而形成了浓密的林荫和厚厚的落叶层。它们还有发达的根系，因此能够在泥盆纪低地中广泛分布。到泥盆纪末期，一个真正的森林生物群落终于出现了。

当听了我刚刚讲述的这个故事，一般人很容易认为植物应该是迅速征服陆地的。或许你还会联想到神秘但高大的树木，通过它们的根系切割岩石并成功向内陆挺进。其实完全不是那么回事。请注意刚刚描述的植物群落的转变是发生在跨越6000多万年的整个泥盆纪中的。认识到这些先进的植物群落，并非仅仅通过伸出它们的根系就可以挤碎岩石这一点也很重要。它们需要一个微生物土壤的基底，其产生有机物的方法不仅是靠植物的光合作用，而且还包括与陆生维管植物密切关联的菌根真菌作用，从而提高植物从土壤中吸收营养物质的能力，以及微型节肢动物调节土壤的方式。这些菌根真菌会分解有机质，将它们转变为适合植物须根吸收的形式。这些小型土壤节肢动物如马陆的复杂群落，会以真菌和腐烂的有机质为食，分解腐烂的植物，净化土壤，通过在土壤层挖掘穴道将营养物质运送出去。其他动物诸如软躯体的环节蠕虫，会迁移至新的基底，但节肢动物对于制造这些土壤的初始过程来说是至关重要的。在第一批树木的树荫下，在厚厚的树叶毯子下，在充满着生命的微生物土壤中，一场好戏正在上演，最早的昆虫终于演化出现了。

第一只亚当蚂蚁是谁?

生物学上一个经典的问题是："为什么在海洋中没有昆虫呢？"乍一看似乎大部分多样的陆生动物群落当然不可能存在于海洋中。许多昆虫居住在淡水栖息地中，但某些种类比如咸水蝇可以忍受极端的盐度。只有少数昆虫，比如水黾可以定居在开阔的海域。但除了在海水表面或海岸边缘，像珊瑚礁生态系统或其他海洋区域里就没有昆虫了。这是为什么呢？我们太过习惯于想着生命是在海洋中演化的，而忽视了一些重要的动物类群，比如昆虫，是较晚在陆地上演化而来的。到昆虫演化出来的时候，海洋生态系统中已经充斥了各种其他的生物。多次发生的大灭绝事件毁掉了大部分的海洋生物群落，但从未发生过在幸存下来的海洋生物还没来得及重新占领空缺栖息地之前，就让陆地上的昆虫捷足先登这样的情况。昆虫们没有必要迁移到竞争已经相当激烈的海洋环境。它们的成功，仅仅是因为它们是首批占据全新且空置陆地栖息地的居民。

第一批土壤昆虫是如何演化出来的呢？满是细菌、真菌和节肢动物分解者的泥盆纪土壤微环境，对化石化作用来说实在是不太有利。泥盆纪时有一些十分重要的化石，我会稍稍讲一点，但现在让我们从观察现生昆虫种类和比较它们与灭绝种类的区别开始谈起。所有的昆虫，无论是活着的还是已经灭绝的，都有一个共同的身体构型。通过体躯分段的过程，原始体节融合为三个独特的区段：头、胸和腹。昆虫的头部包含调节感官接受的大脑，负责视力的复眼和感光并监测白昼长短变化的单眼，具有触觉功能和进行化学探测嗅觉功能的一对触角，以及口器。昆虫的口器由 4 对原始的附肢组成，并根据不同昆虫类群的取食习惯而形成了各种不同的口器类型。最古老的昆虫是咀嚼式口器，与食腐的多足类没有太大不同。

昆虫身体的中部，胸部是由具有运动功能的体节组成的。所有的昆虫都有 6 个胸足，每一胸节两侧各有一对。现代昆虫的翅膀也位于这里，请注意第一批昆虫是没有翅膀的，这一创新形式是在较晚的石炭纪时才出现。昆虫胸部的专门化是为了运动的目的，因而布满了肌肉组织。这一特点在具翅昆虫上尤为显著，因为它们需要更多的肌肉用于飞行。因此，在这个区域中已经没有多少剩余空间了，故而大部分其他器官系统就退居后部了。

昆虫的第三个躯段是后侧多节的腹部。从外表看起来并不怎么样，但其内部却十分复杂且重要。诸如消化、排泄、循环、呼吸、生殖和神经系统的功能结构都位于这里，心脏瓣膜也在腹部，体节的收缩可以增加全身的血压。大部分称为气门的呼吸孔都位于腹部的两侧，这些气门一旦收缩就会迫使空气流入气管系统中。当昆虫蜕皮时，这是十分重要的，因为，这能通过充气将它们新形成的身体膨胀开来。腹部的各个系统，包括生殖器官都是由区域神经束所控制的，因此，一段被切断的腹部有时也能存活很久甚至进行繁殖。而昆虫的外生殖器被认为是由原始的腿肢进化而来。

两条腿没有六条腿好

六条腿的解剖结构是在泥盆纪时演化出来的，从那时起昆虫就无法摆脱这一躯体特征：所有数千万种的现代昆虫都是六足虫[①]。当然还有一些小例外需要注意：一只昆虫可能会在一场意外中失去一两条腿，但它仍然能够行走。某些昆虫只需要 4 条腿就可以行走，比如蛱蝶的前腿已

① 在我的同事工程学教授约翰·马克因罗尔（John McInroy）看来，存在一个本质的原因促使昆虫使用六条腿。有了六条腿就可以在三个方向平移和旋转，而且，六条腿的生物可以抵抗任何方向的力和力矩。六条腿的稳定性在机器人领域是众所皆知的。想要了解更多关于步行机器人的信息，可以阅读让－皮埃尔·梅莱(Jean-Pierre Merlet).《帕拉莱尔·罗伯特》(*Parallel Robots*). 多德雷赫特(Dordrecht). 斯普林格(Springer), 2005）.

经成为缺失功能的刷状结构，它们只使用后面 4 条腿进行站立和前进。但是，它们大部分时间都在飞行。螳螂的前腿已经完全用于捕捉猎物，只靠后面的 4 条腿行走，但它们是伏击型捕食者，所以不需要行动迅速。其他昆虫，尤其是幼虫，如蝇蛆的腿肢已经完全退化了；然而，它们就住在食物之中，所以不需要移动太多，最终变态为成虫时是具有 6 条腿的。一些完全不需要挪动的昆虫成虫，比如介壳虫，它们的腿就完全退化掉了。许多昆虫幼虫，如毛毛虫就进化出了额外的“腹足”，可以用于抓紧它们的寄主植物，但它们仍然有 6 条胸足。没有一种昆虫是像我们一样二足行走的，除非你数的时候是抓住一只正在跳跃昆虫的短暂瞬间，比如蚱蜢或蟋蟀通过它的两条腿将自己弹向空中。唯一会二足行走的昆虫恐怕就是动画片里面虚构的昆虫了。漫画家通过赋予它们许多人类的特征而将这些生物拟人化，二足行走的姿势就是其中最明显的一个。我曾为电影《虫虫特工队》列出一张它们各种特征的表单，发现它们身上的人类特征竟然比昆虫的特征还要多。

确实不存在二足昆虫的事实，或许反映了一些有关六足移动原因的重要问题。从基本层面上来看，这是有关平衡和稳定性的问题。我曾看过一个尿片广告，一个婴儿狠狠地摔了一屁股，但垫上了一块厚尿片后就特别舒服了。这个解说员说道，“在学会走路之前，你大概要跌倒 200 次”。我不确定是否有任何数据支持这个说法，但这个广告提出了一个很好的观点：二足移动具有内在不稳定性，且这样的平衡也不容易学会。六足昆虫的若虫在接近孵化出来的时候，几乎是立即就能走和跑的。但六足形式并不仅仅是用于平衡的，似乎这就是最理想的方式。每个人都知道三脚架是多么稳固，而昆虫是通过两对三足相互替换来行走的，3

条腿在移动时，另外3条腿就稳稳立在地面上[①]。六足形式也有利于奔跑。只要观察一些很常见的原始昆虫，如衣鱼（silverfish）、蛀虫（bristletails）和蟑螂（cockroaches）就知道了。与还要协调几百条腿来运动的普通马陆相比，它们可算是跑得飞快了。

因此，演化出六足躯体的过程似乎就是将平衡稳定与快速运动两者之间进行最优化的问题。二足移动是如此不稳定且不易掌握，以至于这似乎是完全不可能和完全无意义的。昆虫花了3.6亿年来对腿肢进行试验，但没有一种昆虫费心获得了二足或四足形式，虽然足够稳固但缺乏速度。四足动物都是行动迟缓，直到它们获得了温血新陈代谢的能力。六足形式是一种绝妙的设计，因此已经演化出了5000万种昆虫。八足形式也不会很差。来看看蜘蛛吧，它已经包含了几千个种。总而言之，拥有8条腿似乎没有任何多余的优点，它们似乎与六条腿差不多。10条腿、12条腿也都差不多。太多的腿只会使协调运动这个任务变得更加复杂，在速度和稳定性方面也毫无优点。另外请记住三叶虫的衰败，拥有更多的分节和附肢会使蜕皮过程更为复杂。

可以试想一下体躯分段正是六足演化的驱动因素。似乎与三叶虫相比六足类会更加成功，因为拥有更少的体节和附肢将会简化蜕皮过程。

---

① 或许我应该指出，一次要移动它们的三条腿正是昆虫在一个平坦表面行走或奔跑的方式。昆虫由于具有小体型，可以在垂直甚至是倒转的表面上行走。最近，由戈尔（S.N.Gorb）所做的研究表明，它们在反转的表面行走要更加仔细一点。一只苍蝇在天花板上小心翼翼地缓慢移动，它们会把4条腿固定不动而一次仅仅改变2条腿的位置。可以在反转表面颠倒行走是因为昆虫很小，所以其表面压力和内聚力也相对较大。要附着于光滑和粗糙的表面是通过一系列昆虫足部的微观适应来实现的，包括爪、毛垫和分泌的黏合剂。这些特征或许不会存在于最早期的陆生六足类之中，但在几亿年飞行昆虫的谱系中一直在发展和完善。见戈尔（S.N.Gorb），《揭示昆虫的胶黏性：毛状附着装置的结构与属性》，《美国昆虫学家》51（2005）：31–35.

毫无疑问，控制好蜕皮过程和形成较简单的身体构型是早期昆虫成功的关键所在，但也不是完全就这么简单。事实上，尽管遇到腿太多的难题，但一些多足类还是控制好了其蜕皮的过程。可以想想马陆的长期成功，它们有几百条腿，但它们却存活了几千万年。一些蜈蚣也跑得特别快。所以，尽管通过减少体节和腿的数量来改善蜕皮效率在昆虫躯体形制起源方面是一个重要因素，但这也并不是唯一的。微小体型的同步演化伴随着六足形式和速度的演化，也是十分重要的。一些志留纪和泥盆纪古老的多足类是很巨大的（一些马陆可以长到50厘米长），而最古老的六足类只有几厘米长。整个泥盆纪，节肢动物的体型经历了十分严重的缩减。

导致节肢动物腰围缩减趋势的原因应该是再清楚不过了：古老的多足类常常会遇到一些凶猛的捕食者，如蝎子、蜈蚣和蜘蛛。面对大型节肢动物捕食者的自然选择压力，那些更小、更快和腿更少的节肢动物才能存活下来，因为捕食者会优先捕杀那些更大的猎物。体型小还有其他一些优点：它使得昆虫可以钻入苔藓丛直到深深的土壤层中，找到一个潮湿的环境便于它们躲藏和安全蜕皮。此外，小体型也为呼吸提供了方便。与体内细胞的体积相比，较小的动物拥有更大的表面积。因此，最小的昆虫可以通过表皮直接呼吸，因为它们实在太小，可以居住在一个很潮湿的环境而不再需要厚实的骨骼。但微小体型的终极优点是其生存只需要相当少的资源。小动物比大动物生长和繁殖得更快，因此，它们也进化得更快，并能占据特别小的栖息地。

或许小体型和深钻入苔藓土壤的绝热毯中还有一个别的优势。随着具叶片植物的演化发展，泥盆纪时期出现了第一批落叶聚集层，也随之出现了第一次野火。泥盆纪的木炭沉积记录下了第一批森林群落所引发的火灾，每一次大火都会将干燥的落叶层燃烧殆尽，因此，大型节肢动物群落将要重新寻找定居地；生活在较深苔藓土壤中的小型节肢动物，则可以与这样的地方性灾难事件隔离开来。

弹尾虫一跃成为泥盆纪的超级巨星

或许，泥盆纪六足类最重要的化石层就是苏格兰阿伯丁郡（Aberdeenshire）的莱尼（Rhynie）燧石层。莱尼化石形成于3.96亿至4.07亿年前，那时，如今的苏格兰是位于热带地区的一个低洼沼泽。莱尼沼泽的温泉作用产生了一种结晶石英称为“燧石”，其中可以清晰地保存一些小型生物：例如这个地区保存下来的植物化石，还可以看见细胞结构。莱尼燧石层中还保存了最古老的菌根真菌化石，但它是以另一个原因而著称的：化石中有最古老的保存良好的六足类，先驱莱尼跳虫（*Rhyniella praecursor*）[①]。莱尼跳虫（*Rhyniella*）也是最古老的土生六足类，并一直繁盛至现代：弹尾虫目（Collembola），即我们平时所说的跳虫。

显然第一批六足类群，已经成功定居于微生物土壤中最好的栖息地中，弹尾虫的俗名是来自它们的腹部有一个与众不同的叉状尾结构，这使它们可以弹跳到相当于体长20倍高的地方，当受到扰动时还可以将它们弹到更安全的地方。跳虫极小，只有1–10毫米长，但数量极多，每平

① 虽然先驱莱尼跳虫（*Rhyniella praecursor*）是毫无争议最古老的六足类，但大多数昆虫学家并不认为弹尾虫是真正的昆虫。它们拥有独特可伸缩的口器，似乎是早就从演化出大部分现代昆虫的谱系上分化出来的六足类的一支。然而，早期的昆虫学家通常把任何长有六条腿的节肢动物包括弹尾虫都称为昆虫。

方米土壤表面的种群数量平均可以达到几千只。有记录显示在海岸边一些偏远的岛屿，跳虫数量可达到每平方米 1 万只，可能是因为那儿捕食者不多的缘故。一些跳虫以细菌、线虫、缓步类、轮虫和原生动物为食，但它们大多数还是以植物有机质为食。尽管体型小，但它们依然产生了高水平的节肢动物生物量，因为，跳虫是与腐烂有机质密切相关的一类最普通的土壤微型节肢动物，它们无疑为泥盆纪土壤的加工处理做出了很大贡献。它们的取食方式，加速了腐烂植物中营养物质的回收再利用，它们的活动改善了土壤的物理特征，包括营养流和排水等方面。

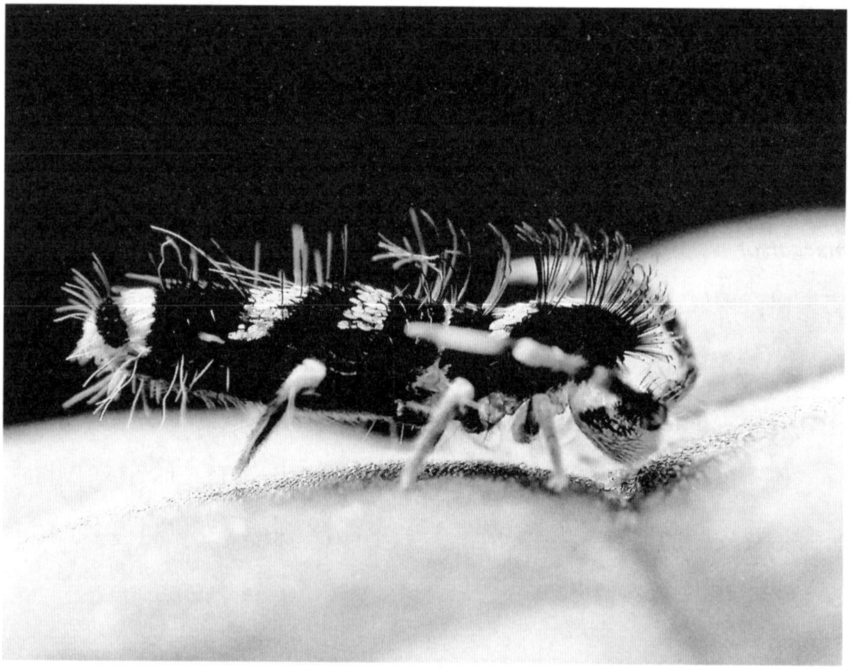

图 4.1 跳虫（弹尾虫目）是居住在森林土壤和落叶层中最多样的六足节肢动物。尽管它们体型微小，但通常数量众多且是重要的营养回收者，有时它们还十分美丽。（西田健二拍摄）

跳虫与它们多足类的祖先具有相同的间接生殖方式，雄性跳虫会制作一个精囊，并将其黏在潮湿多藓环境中的茎干上，或许它们的交配仪式对我们来说显得滑稽可笑。一些雄性花了大量时间将精囊黏在雌性周围一圈的茎干上，迫切期待雌性能捡拾起一只，然而，却失望地看到她跳出了这个爱情圈。其他雄性跳虫进化出一种抓握型触角，使得它们可以紧紧抓住一只雌性不放，满怀希望地骑着她，直到她变得更加乐于接受自己。这些原始的交配方式似乎将跳虫限制在潮湿的环境中生活，但现代跳虫已经能生活于某些极端环境中了。某些种类的血液中出现了乙二醇防冻剂，它们是唯一已知生活于南极岛屿沿岸的六足类；另一方面，一些其他种类却生活于干燥的沙漠地区，平时它们会完全干透，但有降雨时身体又会重新吸收水分。

由于跳虫与其他古老的无翅六足类一样，都十分微小，人们很少会注意到它们。如果你想自己找到它们，有一种很简单的方法叫“柏氏漏斗法”，这个方法主要是利用它们不喜欢的干燥条件实现的。你可以在家里方便且廉价地制作一个这样的漏斗：你所需要的是一只大的塑料漏斗（平时你可能会用它往取暖电炉中加防冻剂），一些纱窗，一个广口瓶，一些酒精和一盏台灯或工具灯。剪一片圆形的纱窗，将它放在漏斗的底部。把漏斗放在一个大广口瓶的顶部，并放上一些酒精，往漏斗中放一点苔藓、落叶、泥土或类似的可以维持微型节肢动物生存的东西。一般来说，一勺来自枯枝落叶层的任何东西都能起到很好的效果。将灯放在漏斗的开口处，以便为样品提供光和热，但不要靠得太近以免起火。当苔藓和泥土晒干后，微型节肢动物就会向下迁移到样品的底部。当它们来到纱网处（如果网眼不会太小的话）会掉落到下面广口瓶的酒精中。这一简单的方法是观察跳虫多样性的早期方法之一，或许也是唯一一个能够让你们看到这个章节剩余部分所讨论的其他更罕见的六足类的方法。

尾巴的故事

其他原始的六足类是属于双尾目（双尾虫类 Diplurans）的。这个名称字面的意思是“两尾”，表示有两条明显的尾须从腹部末端延伸出来。双尾虫被认为与弹尾虫的亲缘关系比较近（它们都具有一种独特的口器结构，上颚后缩至头内的一个袋状结构中），但与弹尾虫类（collembolan）不同的是它们很稀少，难得一见。唯一一个我能时常看到双尾虫的地方就是厄瓜多尔东部潮湿的云雾森林，在这里它们与大量跳虫一同居住在浓密的苔藓泥土层中，这些苔藓层覆盖着地面之上的树干和大树枝。此外，双尾目的化石记录也十分匮乏，这是因为它们都是软躯体的，且只居住在十分潮湿并满布真菌的微环境中。然而，通过对一些现生种类的研究，我们了解到很多关于它们解剖生物学方面的信息。没有跳虫那么特殊化的身体结构，它们的结构与一般的六足节肢动物一样简单：头部具多分节的触角和上颚，但无眼，胸部具 6 条腿，但无翅，一个多分节的长腹部末端具一对尾须。根据尾须的不同形态可将双尾虫类分为两种：一些具长且多分节的尾须，就像尾部末端伸出了触角，可以作为后方“感觉器”。所有这些种类似乎都是以土壤和苔藓中的有机质和真菌为食的；另外一种双尾虫的尾须分节都融合为一个钳状螯。许多这些种似乎都是捕食性的，其中一些会用它们的螯状“尾”抓捕小型猎物，比如跳虫或小昆虫。与其他很原始的六足类一样，双尾虫会持续蜕去外壳直到它们达到性成

图 4.2 双尾虫类（双尾虫目，双尾虫科 Campodeidae）是一种隐居在苔藓和落叶层中的六足类，人们平时很难发现它们。（西田健二拍摄）

熟阶段，一些种类已知需要蜕皮 30 次之多。

其他晚泥盆世演化出来的原始六足动物还有弹跳缨尾虫，或简称为蛀虫（*bristletails*）。正像这个俗名所显示的，它们拥有具刚毛的长尾，并通过拱曲的身体进行跳跃。它们的科学名称石蛃目（Archaeognatha）[1]，意思是“古老的口”。它们的口十分简单，仅在头下侧的一个薄弱点上发生铰合。它们的口也常称为碾磨颚，可能是因为它们只能碾磨食物。弹尾虫化石发现于纽约州基利波森林的泥盆纪地层中，但这些古老六足类的一些种类一直持续生活在如今潮湿的森林土壤和海岸线一带。与多数现代昆虫不同，它们具有不寻常的称为针突（styli）的腹部腿肢，这可能是原始腿部的残余部分。这些活化石都有自己的一些小窍门：当要蜕皮时，它们用自己的排泄物将身体黏在地面上，这一举措使它们在蜕皮过程中更容易将自己从旧外壳中拖拉出来；然而如果黏合失败，它们就不能脱离旧外壳而导致死亡。这也预示着早期昆虫需要进化出更有效的蜕壳方法。

根据口器是像跳虫和双尾虫那样回缩入袋状结构中，还是像许多其他六足类那样完全暴露在外，现代昆虫学家将六足类分为两组。根据这一分类原则，真正的昆虫仅包括颚部口器暴露的那些六足类：缨尾虫和它们的亲戚以及所有它们的后裔。恐怕无可争议的真正最古老的昆虫化石，应该是产自3.96亿–4.07亿年前莱尼燧石组中的赫斯特莱尼虫（*Rhyniognatha hirsti*）。虽然只有一点化石证据，但这一生物也是极为迷人的，因为和大多数现代昆虫一样，它也有一个由两个称为髁的铰合关节组成的双铰接上颚。这一口部类型属于一种无翅昆虫，例如衣鱼目（Zygentoma）（过去的缨尾目Thysanura）中的衣鱼或家衣鱼。然而所

① 一直到最近，石蛃类（Archaeognathans）才和蠹虫、家衣鱼一同被归并入一个更大的称为缨尾目（Thysanura）的目，这一名称现在已经被废弃却存在于一些野外指南和旧文献中。已经灭绝的单尾目（Munura）被认为包括只有一条刚毛状尾巴的类似这样的种。昆虫学家如今将单尾目作为石蛃目的一个成员。

图 4.3 缨尾虫（石蛃目 Archaeognatha）是现生昆虫中最原始的一种。与大多数昆虫不同，它们在腹部也有附肢（针突）。（凯文·墨菲拍摄）

有的飞行昆虫都是由具有双铰接上颚的祖先进化而来的。这就导致了诸如迈克·恩格尔（Michael Engle）等一些科学家推测昆虫飞行的出现，可能比过去认为的时间要早，或许可以提早到泥盆纪时期。虽然没有任何翅膀化石的证据来证明这一观点，但这仍然具有合理的可能性。再者，如果拥有如此微妙体躯构型的昆虫真的在晚泥盆世时期就演化出来了，那么这将引发更深的反思，这种六足体躯构型是否比通常所认为的也更早就出现了呢？或许晚志留世时就存在最早的昆虫了。这样的猜想现在只是推测性的，因为将来新化石的发现可能将最早昆虫出现的时间不断向前推进。我们可以肯定的是真正的昆虫早在泥盆纪时期就演化出现了，而它们所居住的陆地生态系统至少在志留纪时期就已经存在了。

在3.6亿年前的晚泥盆世时期，复杂的树状植被森林群落出现了，并广布于潮湿的热带低地地区。在下面浓荫笼罩的泥土中，在厚厚的落叶层下，居住着大量的小型六足食腐节肢动物，包括弹尾虫、缨尾虫和衣鱼。这个星球已经变得满是虫虫了。这些爬虫似乎非常满意地待在这样舒适安全且湿润的栖息地，该栖息地主要由土壤、落叶和其他苔藓等构成。而在泥盆纪末期，一直到石炭纪，世界再次发生了巨大的变化。泥盆纪末期的地球气温有些下降，冰川形成，海平面下降，海洋珊瑚礁群落遭遇了大灭绝事件。在陆地上，植物群落的组成也彻底转变为早石炭世时期的样子了。到3.2亿年前石炭纪的后半期，地球上的森林成为了翅膀闪烁和飞舞的乐园。故事的下个部分是讲述昆虫飞行的起源，这也是生命历史上的一个重要转折点之一。那么翅膀究竟来自哪里？

5. 蓝天中的飞舞

在动物演化的6亿多年中，只出现了少量的新奇特征，比如昆虫的翅膀，即便是无知的人，也不会认为这仅仅是对之前出现事物的简单修改。

道格拉斯·菲秋马（Douglas J. Futuyma），《科学实验》

我一直对翅膀和会飞的东西，保持着一种持久的痴迷。对我来说，很少有什么景象比看着一只飞舞的昆虫更让我着迷了，也很少有什么事情比追逐着一只昆虫更具有挑战性。我只记得我一直特别迷恋于那些五彩缤纷的空中精灵，比如蝴蝶和蛾子，但我并不认为只有我一个人这样。从数量日益增多的蝴蝶屋和昆虫园可以看出，似乎很多人都能从蝴蝶飞舞的景象中获得愉悦，即便是那些厌恶其他种类昆虫的人也是如此。对他们来说这有一种神奇的、童话故事般的效果。这是不是因为我们看了太多的迪士尼动画，里面有很多精致的长有一对昆虫翅膀的小精灵？或者是否漫画家们绘制这些有翅膀的小精灵，是因为蜻蜓和蝴蝶在我们心里占据了一个神奇的位置？我怀疑如果给这些小精灵画上蝙蝠的翅膀或鱼鳍，它们还能吸引任何人吗？

我已经一直观察昆虫 50 年了，但这个六月我目睹了一件真正神奇的事情，这样的事我从未见过。我和家人一同拜访了居住在加拿大圣克莱尔湖农庄的亲戚。我们愉快地参加了一个父亲节烧烤，却偶然遇到了大量属于蜉蝣类的扁蜉（*Heptagenia*），它们通宵从湖中飞出，并覆盖了所有的树木、灌丛和农舍。在我孩提时去密歇根北部的湖滨游玩时，这样的情景我曾看到过几次，但从未有如此大数量级的。在傍晚时分，湖面上的太阳变得橙红如火，数以千计甚至数以百万计的蜉蝣飞了起来，发出微微的光亮，参与到那狂热的求偶之舞中。大量蜉蝣团沿着岸边高飞到它们可以看得见的地方，从距地面 10–50 英尺（约 3–15 米）高一直延伸到距湖面约 50 英尺（约 15 米）高处。这里的昆虫密度是如此之大，如果我站在一大群下面往上看，我几乎就看不到天空了。在我的视野范围内，以雄性为主的几百万只蜉蝣在黄昏中起舞，缓缓上升，再从层层波浪中漂滑下来。婚飞是一种雄性战术，可以很直观地在较远的地方就把处女蜉蝣吸引过来①。

舞到至死方休

现代的蜉蝣是一种真正朝生暮死的生物。由于它们的若虫是用板状

① 这是昆虫学家称为求偶行为的一个例子。

气管鳃进行呼吸的，所以，它们需要生活在清澈、冰凉的淡水中。由于近年来人为作用引发的水道污染，所以许多种类的大量出现已经十分少见了。尽管如此，水生蜉蝣若虫，也叫稚虫，生命中的绝大部分时间都隐藏在淡水湖泊、沼泽和山泉沉积物的底层，以藻类和有机质为食，并缓慢成长。通常每年的同一时间，它们从水中出现，蜕壳并从若虫的翅芽中发育出翅膀。成虫接下来只有很短暂的时光，其中许多只能存活不到一天。

以古翅类昆虫（该名称意思是“古老的翅膀”）为例，蜉蝣是一种具有最古老翅型的现生昆虫之一。如果你能遇到一只蜉蝣，请仔细看一看，你观察的是在3.3亿年前石炭纪时期就演化出飞行能力的一种孑遗生物。与大多数昆虫一样，蜉蝣有4个翅膀：前后各一对翅膀位于胸部的中、后节上。前翅比后翅更大，也为飞行提供了更多的浮力。所有的4个翅膀都很简单，使用这些翅膀它们能够飞上飞下，但它们的翅膀基部不能像多数现代昆虫那样弯折扭曲。蜉蝣的翅膀是一层覆盖在复杂支撑网络之上的娇嫩薄膜，这些网络是由许多细脉组成的。蜉蝣与石炭纪后半期（宾夕法尼亚亚期）出现的已知最早的飞行昆虫一样，都具有大量的翅脉。它们还有另外一个十分原始的古怪特征：在它们出水并发育出翅膀后，它们没有立刻飞走；相反，蜉蝣经历了一个具翅的亚成年蜕皮阶段。在一天后它们再次蜕皮，进入成年期。它们是唯一一种在翅膀出现后依然进行蜕皮的现代昆虫，所以，如果你看到一只与之前所不同的具翅蜉蝣，你应该明白你看到的其实是一只成年个体。

当蜉蝣飞行时，它们主要是为了繁殖后代。然而通过与它们的同伴保持同步性，它们不仅能够吸引和遇见配偶，而且可能遭到捕食者的毒

图 5.1 一种小型蜉蝣，大四节蜉（*Baetis magnus*）（蜉蝣目）。蜉蝣被认为是飞行昆虫中最原始的现生类型。（大卫 · 里斯 [David Rees] 拍摄）

手。蜉蝣都不太强壮，也不是飞行的能手。它们不只会拍动翅膀，还会做些简单的漂移滑翔。鸟儿可以很容易抓住它们，鱼儿也可以在它们降落在水面时吃掉它们。而附近所有的捕食者在蜉蝣群中都不能引起注意。

当一只处女蜉蝣飞入一个迪斯科舞团中，她会被一只热切的长腿雄性迅速抢夺过去，并接到一个精囊。一旦交配完，雌性就会立刻飞回湖上，然后在湖面上起起落落。如果她能幸运地躲过鱼儿的捕杀，蜉蝣母亲会在死前迅速将卵产在水中。受精卵会沉入湖底，接着生死循环再次上演，就像这 3.2 亿年以来一直发生的一样[①]。

当蜉蝣第一次飞满古代的沼泽时，天空还是一片开阔的边境：没有鸟儿，也没有其他脊椎动物会在空中追逐它们[②]。但石炭纪的淡水对许多无颌鱼和两栖动物来说是它们的家园。如果蜉蝣回到溪流和水塘产卵，很多就可能被吃掉，因此那时的自然选择会偏好捕食群和觅偶策略的同时出现。我很乐意去想象石炭纪的蜉蝣会为了繁殖而形成一个大舞团。

虽然飞行能让蜉蝣们飞上天空，更容易找到伴侣，并在相对安全的环境里进行繁殖，但翅膀还有另一个有价值的作用：它们能帮助蜉蝣更好地进行扩散。在溪流中成长的若虫会随着取食和发育的行为顺流而下，当它们成年时已经有些远离原先的产卵地了。有了翅膀，早期蜉蝣就很容易逆流而上产卵，并定居在内陆湖泊和池塘，那儿没有太多深水区的鱼会捕食它们。

---

① 我是用自由的艺术形式来讲述蜉蝣的故事。当我们相当肯定蜉蝣或者至少是蜉蝣状昆虫的基干类群，第一次在石炭纪时期演化出现时，我们不能完全肯定这一昆虫谱系是首先在何时演化出淡水生未成熟期的。它们或许是直到二叠纪或者是三叠纪时，才完成这一进程的。但我猜它们在石炭纪时就已经进入水中，因为大量湿地遍布于那个时期，而且首先进入淡水栖息地生活具有资源优势。如果那时淡水鱼类已经存在，那么似乎假设水中必然有水生昆虫若虫供它们取食是有道理的。

② 有鳞类爬行动物在三叠纪时期是一种滑翔类动物，其外形类似于现今东南亚的飞蜥（*Draco*）。它们或许曾是一些最早在空中追逐并捕食具翅昆虫的脊椎动物。

煤都之旅

当早期蜉蝣在3.2亿年前飞上天空时，它们闪烁地舞过了大片低地、沼泽和潮湿的热带森林，覆盖了大型木贼、石松、真蕨、已经灭绝了的种子蕨、科达植物和古老的松柏树[①]。这些森林与如今的完全不一样，我们现在能够如此了解它们，是因为它们中的很多都保存成了植物化石。这些生命历史上最多产的植物，聚集变成了我们如今的天然气、石油、特别是煤炭，当时那些树可以长到30英尺（9米）高，形成了浓密湿润的森林。在风暴中这些大型树木都倒下，落入石炭纪潮湿的土壤和沼泽中。植物的遗体被沉积物淹没并掩埋，堆积为厚层的富碳有机质残骸。经过地质活动产生压力的长期作用，这些有机质层最终转变成了煤炭。我的大学正是通过一个燃煤设备获得电力的，所以当我在写这些文字的时候，我正是在使用一些石炭纪植物残余的有机质产生的能量。当你开车去超市的时候，你可能也使用了一些。

为什么我们现在大多数的煤炭和许多石油都起源于石炭纪时期呢？传统观点简单地认为，是由于石炭纪沼泽为化石燃料的形成提供了最佳条件。在那以后，地球变得更加干燥，周围环境已经不太理想了。然而情况真的仅仅如此吗？石炭纪后森林并没有消失。如果说真的有什么改变的话，那就是在中生代和新生代时期，会出现更多的树木，延伸到更高的海拔，长得更为高大。石炭纪后，内陆或许变得更干燥，但仍然有许多小溪、河流和海岸湿地。干燥高地上的树木很容易就冲到河流中，

① 科达植物具有宽大的带状叶片以及球果，并被认为与最早的松柏类有较近的亲缘关系。

并在低地沼泽中聚集。这其中一定发生了除了气候变化以外的其他什么事情。

让我们来考虑另一个问题：如果现代森林中的一棵树死亡后会发生什么？鸟类，比如啄木鸟、山雀和五子雀都喜欢在树干上钻洞。当这些鸟儿搬出去后，许多小动物又搬了进去并把洞挖得更大。其他小动物在枯木中开凿隧道：例如蜜蜂和胡蜂，这么做不是为了搜寻食物，而纯粹是为了兴建巢穴。树皮被许多诸如小蠹虫（bark beetle）、扁头蛀虫（flat-headed wood-borers）、啮虫（gnawing bark lice）之类的昆虫入侵并占据。它们的钻掘活动疏松了树干内部，使得真菌可以自由生长扩散。真菌的生长加速了树木的腐烂，并给昆虫提供了比原先木材本身更为营养的食物。大型的钻木甲虫在树中产卵，它们的蛆状幼虫深深挖掘到了芯材中。同时在下方，细菌和真菌的生长使根部发生腐烂，小型土壤节肢动物将其咀嚼殆尽。最终在风暴中根毁树倒。这彻底改变了本地的环境条件，因为大多数树木现在都分布于潮湿的土壤，它就更加暴露在真菌和小型节肢动物面前。在热带地区，白蚁将木材破坏得支离破碎。它们与木蟑螂一同都是少数几种可以消化木材的动物，因为，它们的肠道内居住着共生微生物。在温带和热带地区，木蚁很可能也会搬进去。它们不吃木材，只是钻孔居住在里面，但最终它们会把一棵大树变为小的碎块和木屑。留下的碎片与泥土混合在一起，再进一步被土壤真菌和微型节肢动物分解。在现代森林中，已经没剩下什么可以存活并化石化为煤炭或石油的了。大部分的树木都再循环回到森林生命系统中了。

在早石炭纪时，大多数食用现代枯木的宏观和微观的动物还未出现[1]。没有鸟儿、哺乳类、蜜蜂、胡蜂、小蠹虫、钻木甲虫、噬虫、白蚁或者蚂蚁。此外，在泥盆纪和石炭纪时期，植物通过产生纤维素和木质素而长得更加高大，这些成分却很难被动物消化。没有一种早期昆虫能够消化纯木材的。石炭纪的巨型木贼，像现代木贼一样，使用大量二氧化硅令它们的维管组织变得更加坚韧，也让它们几乎不能被消化。因此，晚泥盆世和石炭纪确实因它们植物体的超多产而显得很特殊，不仅仅因为潮湿的气候和有利于植物生长的高浓度二氧化碳，也因为在这几千万年中，植物能够制造出大大超过食草动物所消耗的生物量。第一种食木昆虫，木蟑螂，是直到晚石炭世时才出现的。接着在二叠纪时出现了噬虫和多样化的钻木甲虫[2]。久而久之，更加复杂多样的食木动物群落演化出来，而石炭纪时全球植物资源的批量生产就再也没发生过了[3]。

处女航

早石炭世出现的最为引人注目的新型捕食者，就是所谓的锁孔两栖类（key-hole amphibians），其名字来源于它们独特的钥匙孔状眼窝。它

① 一个多样的存在于晚石炭纪时期能分解植物的节肢动物类群：甲螨。原始的无翅昆虫和马陆也是一些分解作用发生的原因。

② 虽然长期以来在二叠纪化石中发现了甲虫（鞘翅目），但直到最近才在石炭纪地层中发现甲虫化石，（本索克斯 O.Béthoux，《发现最早的甲虫》，《古生物杂志》83 [2009]：931–937）。第一批甲虫以及拥有复杂变态发育的其他种类昆虫，可能首先是起源于晚石炭纪，它们虽然很罕见也并不多样，因此并未对森林产生深远的生态影响。我关于甲虫的讨论将放在下一章节，即二叠纪时期，当甲虫种类变得更为多样化且更普遍时。

③ 我并不是说煤炭的产生在石炭纪之后就停止了，但从这段时期开始分解型生物的多样性和对植物资源的竞争日益增多。在更近的一些时期也有一些重要的煤炭沉积，比如怀俄明州吉利特（Gillette）附近古新世的露天煤矿。

们是第一种发育出耳的四足脊椎动物。这些两栖类当时究竟在听些什么呢？我听说它们可能已经具备产生声音的能力，并利用叫声来吸引异性或标记领地范围。这或许是事实，但交配只是脊椎动物的成年行为之一。耳朵在日常生活中的许多方面都十分有用，比如寻找食物。大型两栖类可能会吃鱼或其他两栖类，但小型种类只能取食各种各样的节肢动物和昆虫。有了耳朵，它们可以听到节肢动物穿过落叶层时发出的沙沙声，马陆和昆虫咀嚼着它们食物的嘎吱嘎吱声，或者刚羽化的昆虫抖动翅膀准备飞行的声音。当节肢动物开始在森林中制造大量嗡嗡颤动的噪音时，脊椎动物演化出了耳，这可能并不是一个巧合。下一次当你聆听着你最喜爱的曲调时，或许可以稍稍庆幸一下：还好，我们石炭纪的祖先那么喜欢吃虫子。

石炭纪时期的森林除了产生我们的耳朵和煤炭资源外，还产生了更多东西。在宾夕法尼亚亚期（约 3.2 亿年前石炭纪后半期），它们还为最早的飞行昆虫提供了栖息之所。要弄明白昆虫飞行起源的第一步，就是要思量哪种昆虫才是它们的祖先。石炭纪期间只有一个简单的昆虫目——衣鱼目，就是我们所熟知的衣鱼和家衣鱼①。衣鱼目被认为与飞行昆虫的亲缘关系最为接近，正如它们的俗名所表示的，一些种像鱼一样具有银色的鳞片，而其他一些种喜欢生活在温暖的地方（一些是面包房里的害虫，喜欢靠近烤炉生活）。与现代节肢动物一样，它们有头部、具 6 足的胸部和一个长的腹部。与蠹虫类似，衣鱼类有 3 条长丝状附肢从身体末端拖伸出来。它们没有翅膀或者翅芽，但每一胸节上部扁平并轻微向两侧伸出。

① 蠹虫与跳跃的弹尾虫一同被正式放入了更大的缨尾目中，这一名称现在仍然可以在一些老文献中找到。它们现在被分开了是因为它们具有不同类型的颚部形状，这在最后一章中会加以讨论。

古老的衣鱼类可能会爬到植物顶部进行蜕壳，而且它们可能会从其高高的栖息地上跳下来，就像现代的衣鱼一样。

衣鱼目与那些飞行昆虫共同具有一些独特的特征，包括颌是铰合在两个关节突上，具两个尾须，胸部侧壁上有一个称为侧板的内折，它可以形成一条侧沟。这是引发翅膀演化的一个关键特征，因为这既可以形成一个结构强壮的胸区，又可以为肌肉附着提供更多的内部空间。但与飞行昆虫的相似点到此为止，衣鱼若虫就是成年个体的缩小版，而且两者都没有显示出任何可能的翅膀痕迹。然而，石炭纪的衣鱼倒是沿着胸节两侧上部有轻微的扩大叶，一些古昆虫学家将其解释为原翅。它们当然不可能有翅膀，但它们或许可以在从高处跳跃或降落时做短暂的滑行①。

一些石炭纪的昆虫化石，沿着胸部上侧有被称作背板侧叶的扁平板状突起。这些侧叶比衣鱼的大，但我们假设它们都是同一结构的不同形式。在某些情况下，背板侧叶会出现在胸部的第一节上，而完全成形的翅膀会出现在中间或最后一节上。这表明翅膀是从这样的侧叶演化而来的，但后来由于实用性原因而消失了。现代昆虫中没有在第一胸节上长有翅膀、小翅或侧叶的，它们的翅膀一般位于中间或最后的胸节上②。小翅从胸部前末端消失的原因可能是因为昆虫的重心更靠近它的末端，它的第一节太小而无法容纳更多的肌肉组织。

因为翅膀是与广泛分布的森林同一时间出现的，所以，一些昆虫学家认为昆虫之所以演化出飞行方式是由于爬上了高树，一跃而下，用它

① 科学家们最近发现现代无翅昆虫，包括蠹虫甚至工蚁，当从树上掉落时都具有一种滑翔的技能。它们的身体似乎可以像机翼一样运作，在自由落体运动中它们可以转身滑翔回树干上，以此避免一直掉落到地上。

② 古老的背板侧叶拥有与现代完全成形的翅膀相似的翅脉形式，这表明翅膀是从与背板侧叶类似的附肢演化而来。

们平板状的结构进行滑翔，这一观点被称为背板侧叶假说。然而，为什么这些土生昆虫明明在落叶层中生活得既安全又愉快，还要煞费苦心地爬到植物的顶端呢？昆虫学家通常解释为它们可能是以孢子、种子和柔软的光合作用植物组织为食。这一观点让我对以下几个方面迷惑不解。首先，现代衣鱼并没有那样的取食习惯。第二，孢子和种子都会自然落到地面，那么为何要费力地爬上去呢？即便它们并不在高处取食，我也能想出很多合理的原因解释为何昆虫要爬上植物。

昆虫都是冷血动物。如果夜晚温度很低，那么它们的身体就会冷却下来，它们只有再次暖和起来后才能继续活动。现代昆虫解决这一问题的常见方法是爬到植物上去，沐浴在阳光下，将它们的翅膀当作太阳能板。那些大型翅脉都是中空的，因此血液会流入，使热量运输回身体中。可能在侧板可以用来飞行前，即使是小的原翅也具有这一潜能来传递热量。任何昆虫在行走、觅食、觅偶或躲避敌害之前都需要先热身，最早移动的动物能首先保持优势。当你考虑到石炭纪盛行的气候时，这种昆虫飞行的太阳能板假说就尤为令人叹服了。我们知道，泥盆纪是以全球降温期结束的，而石炭纪时冰川在南方大陆大量形成。热带地区保持温和，没有发育冰川，但平均气温比泥盆纪时凉得多。为何土生昆虫会离开舒适安全的土壤层，或许对阳光和热量的需求能够提供一个貌似合理的原因。

或者它们也在寻找配偶。一些雄性昆虫会在觅食地等待雌性（宴会和跳舞，迪吧策略 disco-bar strategy），而另一些雄性会在变态发育出现的地方等待年轻的处女（洛丽塔策略 Lolita strategy）。当这些战术都不起作用时，许多雄性会前往一个显著的地标处（山顶情侣路策略 hilltop lover’s lane strategy）。许多现代昆虫会移动到高树、岩石或山顶上，因此，很可能石炭纪昆虫也是通过爬到高大植物的顶端来寻找配偶的。

一旦到了那些植物上，这些小原翅可能就扮演了求偶和交配的角色。我们知道一些现代昆虫将翅膀振动的声音作为求偶的信号，而其他种类使用它们的翅膀来传播称为信息素的化学气味，它可以向配偶发出信号并吸引它们；即便是一个小的原翅也可以起到这些作用。此外，化石印痕显示，一些石炭纪昆虫的翅膀已经具有显著的色素图案了。在一些例子中，这些图案包括背侧斑点或分裂状条带，可以警告捕食者不要靠近。我们不能很肯定这些图案的功能，但我们可以合理推测，古老的具翅昆虫与现代种类一样，也会用它们来吸引远处的潜在配偶。

无论古代昆虫爬到植物上是出于什么原因，一旦它们爬到了上面，就需要再次下来，那么比跳下来更简单的方法是什么呢？一些热带蛙类在晚上会爬到树上并在树冠上觅食，然后，在黎明时分通过跳跃或者滑翔的方式返回地面。如果蛙类能够从树冠安全滑翔到地面的话，那昆虫为什么不行呢？它们那么小完全可以安全降落一定距离而不受到任何伤害。一些科学家认为，由氧气和二氧化碳组成的石炭纪大气层很厚，因此，昆虫可以很容易学会飞行。其他科学家认为即使是蠹虫所拥有的微小胸叶，也可能为它们提供简单的滑翔能力。

另一方面，一些昆虫学家认为昆虫根本不需要爬到植物顶部来学习飞行，相反，翅膀可能起源于鳃，并用于呼吸作用。这是一个在一百多年前就流行的老观点。事实上，昆虫学家提出了背板侧叶假说来挑战它，并解释翅膀的演化出现如何不涉及呼吸作用，因为现代昆虫翅膀没有任何的呼吸功能。但近几十年来翅膀鳃假说又获得了新的支持者和反对声，让我们来看看它的正反两面：现代昆虫大而中空的翅脉包含了气管导管，因此空气和血液会流经它们。蜉蝣以及石炭纪的化石昆虫翅膀，向我们展示了最古老的飞行昆虫拥有大量翅脉，故而它们也拥有比现代昆虫更多的翅气管。我们还知道两种最原始的具翅现生类群，蜉蝣和蜻蜓都有用鳃呼吸的水生未成年阶段，它们的鳃允许空气穿过薄而湿润的表皮。某些土壤节肢动物，比如弹尾虫能够通过外表皮进行呼吸，因为表皮很薄，或许古老的昆虫也能通过它们小翅的薄外皮进行呼吸。由于石炭纪泥炭沼泽十分潮湿，空气中的氧含量格外高，因此古老昆虫的原翅在演化为翅膀前作为鳃而存在也是可能的。

宾夕法尼亚州立大学的吉姆·马登（Jim Marden）和他的同事在1994年一同提出了一个新颖的观点，表面滑行假说（surface skimming hypothesis），可以观察到一些石蝇（襀翅目 Plecoptera）可以使用它们的翅膀来横渡水面。他们提出古老的水生昆虫，可能首先利用原翅或鳃来进行表面滑行，不久后就演化出了从水面起飞的飞行能力。尽管如此，鳃假说还有一些严重的问题。最突出的是，虽然现代昆虫可能具有翅导管，但没有发现任何种类是真正用它们来呼吸的。相反，当昆虫蜕变成年后，空气流入导管帮助翅膀膨胀变大。此外还有其他一些困难。虽然在石蝇中观察到了表面滑行的现象，但在鳃位于腹部而不是胸部的水生蜉蝣和蜻蜓中却没有观察到。最可能演化出了具翅昆虫的衣鱼，生活在落叶层和土壤中。同样，石炭纪飞行昆虫中最成功的一类，现在已经灭绝了的古网翅目（Paleodictyoptera），其若虫也是陆生的[①]。

以我个人而言，我比较赞同背板侧叶假说，但解决这一争论不可能

① 这是很明显的，因为来自梅森湾（Masson Creek）的古网翅类若虫化石是与大脉羊齿（*Macroneuropteris*）的叶片保存在一起的，而且，其肠道内还发现了植物孢子（康拉德·拉班德拉，私人通信）。

让所有人满意。晚泥盆世早期陆生六足类和晚石炭世飞行昆虫之间，存在一个化石记录的空缺，导致翅膀起源的问题变得更为神秘。一方面，我们要考虑到石炭纪的环境条件能令翅膀用于呼吸，但当昆虫发展出更现代的翅膀后，就失去了这一能力的可能性；另一方面，显然昆虫翅膀也可能由于其他一些合理且完全独立的原因演化出来，如为了滑翔、传输热量或求偶展示。

许多翅膀起源的假说，并不会转移我们对于更宽广历史范围的注意力：翅膀是在石炭纪密西西比亚期的末期（约 3.27 亿年前）演化出现的，它们一旦出现，就在地质术语中变得既常见但又相当突然了。在几千万年中，飞行昆虫以超过寒武纪大爆发的高分异度进军天空。它们自此统治了陆地生态系统，因此，翅膀是昆虫演化历史上最为重要的创新之一，推动昆虫在生物世界中取得了惊人的成功。记住它们对空气的全面需求至少有 1000 多万年了[①]。那时还没有鸟儿，任何脊椎捕食者能做的最多是从陆地上抓捕它们。占领天空为昆虫提供了很好的新机会来扩散、躲避敌害、求偶以及拓展取食范围。起初，它们不需要很擅长飞行。第一种植食性昆虫在高大的植物顶端取食孢子时，只需要短暂的飞行，就可以让它们轻易地从一株植物转移到另一株上。与必须一路爬回地面再爬上另一株植物顶端的爬行昆虫相比，飞行昆虫可以节约大量的时间和精力，而且也可以更容易躲避捕食者。即便是温柔的飞行，也能让它占据天空，表演一段安全的求偶之舞，或在沼泽干涸和野火到来之前搬到新的栖息地。

① 我们并不知道最早出现飞行昆虫的确切日期，但我们知道到 3.2 亿年前的晚石炭纪时，具翅昆虫已经是十分丰富和多样了。它们可能在脊椎动物最终进军空中之前保持了航道独有权长达 1 亿 –1.5 亿年。

永不过时的经典潮流

最古老的翅膀类型是胸部顶端的骨质平板上覆盖着一层薄膜，虽然十分简单但却特别有效，现代的一些昆虫如蜉蝣和蜻蜓仍然在使用。翅膀的中部是以一个由侧板形成的支点来保持平衡的。翅膀本身就作为一根杠杆，上下拍动，因为只有在最高和最低处才是最稳固的。它的上行运动，是由连接胸部顶壁和底壁但不依附于翅膀的肌肉间接完成的。当这些背腹侧飞行肌肉收缩时，胸部会变得扁平且扭曲，导致翅膀位于垂直位置。在古翅类昆虫中，下行运动是由连接前后翅下小板的肌肉完成的。这些有时也称为直接飞行肌，因为它们是直接与翅膀相连的。它们不仅为下行运动提供能量，而且通过差异收缩还能够使翅膀在飞行中位于不同的角度，便于定向导航。

虽然蜉蝣和蜻蜓是使用这一古老飞行方式唯一幸存下来的昆虫，当这一性能第一次演化出来的时候，可以说是动物运动中最新潮最伟大的创新。没有来自鸟类、蝙蝠或者会飞恐龙的竞争，它们聚集成群飞向空中，到晚石炭世时，地球上的热带雨林已经汇聚了数量惊人的飞行昆虫种类，其中大部分现在已经灭绝了。其中最为引人注目的就是古网形目，古老的网状翅膀昆虫。正如它的名称所表示的，这些昆虫的翅膀上覆盖有大量的网状脉，这种翅膀可以向两侧伸展开，但却无法向后折叠放在身体上。但这一老式网状翅膀比许多其他这一时期的昆虫更多地征服了天空。从晚石炭世一直持续到二叠纪，一个古网翅类昆虫的王朝崛起了，并扩张到至少 21 个科 71 个属。其中一些种特别巨大，最大的翅展约有 56 厘米（约 20 英寸）。与那些古老的无翅昆虫相比它们是绝对的巨人，这也明

图 5.2 一种已灭绝的上石炭纪古网翅类昆虫巨型同翅虫（*Homoioptera gigantea*）（古网翅目）的背板侧叶和具纹饰的前翅。（奥利维尔·毕守科斯 [Olivier Bethoux] 拍摄）

确显示这种古老的网形翅膀已经令它们成功逃脱森林地面捕食者的魔爪，并使它们成为第一批树栖昆虫之一。将来还会有很多昆虫生活于热带雨林树冠层之上。

古老网状翅膀的成功，部分源于它们创新出独特的口器类型。已知最古老的真食草种类是第一类演化出刺吸式口器（喙）的飞行昆虫，这种口器创新性地能够取食液体，刺进植物更营养的部分。具有长喙的种类和它们的若虫，可以通过刺入柔软的叶片或直接进入木质部和韧皮部来取食植物组织和汁液。其他古网翅类具有短宽的喙，可以通过刺入正在发育的植物繁殖锥球中进行取食，然后吸出汁液、孢子和卵细胞。

我们知道古老的网翅类昆虫是以多样的植物为食的，包括种子蕨类、科达类、石松类和松柏类，因此，我们常常在石化的古网翅类口器和肠道中发现孢子和花粉。我们还在植物化石上发现了刺吸式痕迹，这无疑是古网翅类的杰作。因为，它们是周围唯一具有能够留下这样痕迹武器的昆虫了[①]。最早的植物虫瘿可以追溯到晚石炭纪时期，这一化石通常是由节肢动物取食造成的植物畸形生长。我们不能确定是哪种昆虫制造了这些虫瘿，有可能是白蚁造成的，但这可能是第一个昆虫在植物中取食时隐藏自己的证据。我们还发现了粪化石（coprolites），意思是昆虫的粪便化石，其中还含有植物孢子[②]。

许多古网翅类昆虫的翅膀上具有一些色斑。这些细节特征被完好地

① 有证据表明，古网翅类并不是在石炭纪演化出现的唯一一种植食性昆虫。从植物化石的破坏和粪化石证据，可以得出其他取食类型包括钻入植物组织和茎秆，以蕨类种子为食，以及在许多石炭纪植物的叶片外面进食（凿洞取食、边缘取食和表皮刮擦）。

② 除了孢子外，粪化石也保存了可以指示特定寄主树木种类的植物组织和木材的显微碎片。因此，对于粪化石的研究为食草动物饮食模式和远古时期食物网提供了独到的见解。

保存在了一些细颗粒的印痕化石中，虽然我们不清楚这些翅膀的颜色，但我们知道它们通常有对比鲜明的条带或斑点。这些图案可能意味着什么呢？最可能的解释是它们为配偶识别提供了可见的线索提示，这在现代的蜻蜓、蚱蜢和蝴蝶中都很常见。很可能它们的一些色斑是具有隐蔽性的。我们很难知道，石炭纪热带雨林树冠层的叶片普遍具有什么特征或色调，但如果古网翅类的翅膀混杂着绿色、褐色和黄色的话，当这些昆虫栖息在树干或树叶中时，就可以很好地隐藏自己了。它们可以完全躲避地面上的两栖类，但它们或许仍然不得不与会爬树的蝎子、蜘蛛和蜈蚣进行斗争。还有一种可能性就是这是一种警戒色：许多现代昆虫通过食用有毒植物而获得毒性保护自己，并在翅膀上展示出警告的颜色来恐吓捕食者。没有鸟类这似乎不太可能发展出来，但古网翅类可能仍然会面临偶然出现在低矮植物、树桩或满布青苔树枝上的两栖动物。因此，那时仍然存在一定的选择压力可能导致演化出现明亮的警戒色①。另一个可能性就是储存排泄代谢作用：某些昆虫会将体内组织中的氮废弃物分流出去，再将其注入到翅膀色素中（黄色的蝴蝶就是最著名的例子）。即便在缺乏植物毒素或脊椎捕食者的情况下，古网翅类的翅膀上也可能会呈现亮黄色或橙色。我想要提出的仅仅是这点：石炭纪的世界里拥有美丽的图案和缤纷的色彩。对那个古老时期的传统复原通常会忽略这一点。我看到过许多博物馆成煤期沼泽的全景图，通常都是描绘了一个云雾笼罩的、单调的、绿色和褐色的世界，其中常常有蜘蛛、巨型蜻蜓，

① 对于石炭纪植物的化学防御，我们太过局限于自己的常识了。现代植物中最常见的几种化学防御手段比如酚类化合物、生物碱和丹宁酸，在化石化作用中退化为副产物，而且无法恢复。然而，根据史密森学会的古生物学家康拉德·拉班德拉（Conrad Labandeira）的研究，一些石炭纪种子蕨植物化石中包含的树脂可以保存独特的二次化合物，这或许也可以作为趋避昆虫的化合物。

还可能有蟑螂，却从未看到过古网翅类昆虫。我更愿意去想象在那些沼泽上飞舞着多彩而美丽的昆虫，如闪闪发光的仙境一般。

我的天，你有这么大的翅膀啊

古老的网翅类昆虫，通过逃脱森林下层植被中的大部分陆地捕食者而获得了辉煌的成功，但它们仍然要与空中的昆虫捕食者做斗争，比如所谓的巨型蜻蜓或称格里芬蜓（griffenflies），它是已灭绝的原蜻蜓目成员。在晚石炭世时期最为惊人的动物之中，格里芬蜓并非真正的蜻蜓，而是与蜻蜓相似的一个动物类群。格里芬蜓家族的一个成员，热带的巨脉科（Meganeuridae），是迄今为止已知最大的一类昆虫。生活在二叠纪时期的二叠巨脉蜓（*Meganeuropsis permiana*）翅展可达 71 厘米（2–3 英尺宽），而大部分其他巨脉科种类的翅膀大多是 4–13 英寸（10–33 厘米）长。这些空中蜻蜓拥有锋利且强有力的上颚和抓捕猎物的刺状前足。它们或许没那么快的速度也不是熟练的飞行员，但它们很轻易地就能抓住空中振翅的古网翅类，蜂拥的蜉蝣和其他飞行昆虫。它们也会捕捉在树冠层取食的古网翅类若虫和成虫。在没有鸟类、蝙蝠、翼龙和其他飞行脊椎动物的情况下，这些古生代的巨型格里芬蜓就是当时天空中的统治者，它们也很可能是影响石炭纪和二叠纪昆虫翅膀纹饰和颜色演化的主要捕食性选择压力。

一些研究者曾指出，巨型飞行昆虫的出现是与大气中氧浓度达到巅峰有关的。从寒武纪到泥盆纪，氧气浓度保持在 15% 左右，但到晚石炭世时就突然升至 35% 左右。后来到二叠纪末期又回落到 15% 左右。由于氧气浓度达到峰值的时间，正好与巨型蜻蜓出现的时代相符合，因此，我们不禁将二者联系起来。科学家们认为，如此巨大的昆虫需要提高操控它们巨大飞行肌肉的水平，也有证据表明它们已经扩大了其气管系统。二氧化碳浓度在石炭纪初期也有所抬升，但在二叠纪期间又突然下降到了当今的水平。因此，当时的大气层也被认为会更为浓厚黏滞，从而使得飞行更为容易。

这些生理参数可能还有些问题。他们认为，由于氧气要通过在气管网络中扩散才能到达昆虫细胞中，因此，呼吸限制约束了其尺寸大小的上限。但需要重点注意的是，昆虫能够通过推动空气进入气管系统，并通过压缩它们的腹节将气体压入体内深处的细胞中。而且，我们并不知道这些巨型格里芬蜓的代谢需求究竟是什么？它们是顶级的捕食者，没

图 5.3 二叠巨脉蜓（*Meganeuropsis permiana*）（原蜻蜓目）的一枚巨大的翅膀化石，产自约 2.8 亿年前的奥克拉荷马的下二叠纪的岩层。该枚翅膀的长度约为 13 英寸（约 33 厘米）。（弗兰克·卡朋特 [Frank Carpenter] 拍摄。哈佛大学比较动物学博物馆）

有任何种类可以赶超它们。它们的猎物如蜉蝣和古网翅类可能飞得很慢，因此，没有理由认为这些大型的巨脉类会飞得很快。如果它们的飞行模式是缓慢慵懒的，那么，它们可能比一些现代的大型昆虫如天蛾所需的氧气要更少。还有一个需要考虑的问题是现代蜻蜓是十分轻巧的，而大型的巨脉类可能也是如此。蜻蜓身体的绝大部分较为纤细，它有许多充气的导管，这让蜻蜓既可以在产卵时浮在水面上，又可以方便地飞行。此外，现代昆虫中没有翅展特别巨大的，但却有一些体积巨大的家伙。最重的成体昆虫，非洲的巨大花潜金龟可以重达 100 克。它的胸部比巨型蜻蜓更厚，其中一只甲虫就和一只巨脉类的巨型蜻蜓一样重或更重一些。而且，即使是在如今 21% 的氧气浓度下，巨大花潜金龟的飞行能力也挺不错的。

氧气可能是促使巨型蜻蜓演化出大体型的一个因素，但不太可能是唯一的一个。记住昆虫要周期性蜕去外骨骼这点很重要。因此，对于任何能长得跟一只格里芬蜓那么大的昆虫来说，它需要历经一系列渐进的蜕壳阶段，在每一阶段中对于捕食者来说它都是十分脆弱的。任何大型昆虫的成长，都要求其幼体居住在一个无大量捕食者的环境中。那么这些年幼的巨型格里芬蜓，是在哪里成长起来的呢？我们推测它们的幼体是一种用鳃呼吸的淡水水生若虫（就像现代的蜻蜓一样），它们在沼泽和水塘中捕食[①]，在那里，它们可以找到大量食物如蜉蝣若虫或落在水面

① 我在这里做了一个大胆的假设。判断未成熟的格里芬蜓生活环境的化石证据实在是较为匮乏。它们可能完全是水生的，就像现代蜻蜓一样，或者它们可能生活在陆生或半水生潮湿的林下植物中。我们知道森林里遍布着潜在的捕食者，比如蜈蚣、蜘蛛、蝎子和两栖动物。在我看来，似乎为了长到如成年格里芬蜓那么大，幼体必须生活在一个受保护的栖息地。至少它们可以不受淡水池塘中蜘蛛、蜈蚣和蝎子的侵扰，这样才更可能很好地长大。

上的昆虫。与现代蜻蜓若虫类似，它们可能也会取食鱼和两栖类的卵，小鱼和两栖类的蝌蚪。考虑到石炭纪时期的处境：无颌淡水鱼已经分布于内陆湖泊和水塘了，但巨型蜻蜓仍然占据优势。因为它们可以飞行，雌性蜻蜓比鱼类更容易迁往内陆，并占据鱼类无法轻易占领的间歇性水塘和沼泽。格里芬蜓还能领先一步飞到内陆未被占据的水塘生活，当鱼类最终抵达并产卵时，那里已经有大量险恶的巨脉类若虫在等候美餐了。许多现代蜻蜓的大型若虫可以将自己掩埋在沉积物碎屑中，也许，巨脉类也能通过这个方式来伪装自己。或许等到它们长得更大时，就会在软底沉积物中掘穴来完成蜕壳过程。如果它们生活在水塘中，这种液体环境会便于它们多样的转变过程。它们最终会蜕化为全翅的成年个体，然后飞到相对安全的森林冠层，在那里它们的敌人可能只有同类。

旧形式上意想不到的新进展

在晚石炭世时，巨型格里芬蜓开始追逐一种新的昆虫，它很美味却比古网翅类更难捕捉。新翅目，或称为新翅类昆虫是最迅速的飞行者，它们通过位于翅基附近隔膜处称为腋片的微小铰合骨板而拥有了一个独创的窍门。这些结构使得在古翅类中不可能出现的翅膀定向运动成为可能。当一只新翅类昆虫结束了飞行降落在一株植物上时，它们可以将翅膀在基部弯曲，向后折叠放在身体上方，这会使新翅类比更古老的总是像风筝一样伸展开翅膀的昆虫，看起来更小。这一灵巧的扭曲方式将开启将来昆虫前后翅各自独立特化的无数种新可能。它使石蝇、蚱蜢、臭虫、甲虫、草蛉、蝴蝶、蜜蜂、苍蝇和很多其他现代昆虫，在未来进一步演

图 5.4 一种已灭绝的上石炭纪新翅类昆虫高德里原直翅蝇（*Protodiamphipnoa gaudryi*）化石，合拢的前翅上具有眼斑状的纹饰。

化成为可能。

有些新翅类跑起来也很快。当迅速着陆后，它们就敏捷地收起了翅膀跑到一片树叶或钻到岩缝中去了，这使得它们很难被巨型蜻蜓捕捉到。在你所说的"蟑螂"出现之前，这是一项十分成功的适应方式，导致它们充斥了整个热带世界。石炭纪时期出现了好几个新翅类昆虫类群，但蟑螂（蜚蠊目）是到目前为止最为成功的一类。到晚石炭世时已经发现了 800 多种，它们组成了石炭纪已知昆虫总数的 60%。它们与现代种类有些不同：它们能活跃地飞行，雌性具有一个类似尾巴的产卵器。然而我们仍然把它归为蟑螂，根据其种类的多样性，我们可能应该把石炭纪称为“蟑螂的时代”①。

蟑螂的名声不太好，主要是因为有几个坏家伙：一些讨厌的害虫种类在我们的房屋和公寓中泛滥成灾。但请不要把你的所有印象就建立在这样的少数派上。现代热带森林中包含有数千个蟑螂品种，它们共享了一个宽泛的栖息地。大部分种类居住在落叶层的地面上或原木之下，但许多种类还生活在树状或森林冠层之上。某些种类是盲眼的并生活于山洞之中，而其他种类是半水生的，居住在溪流边或高高树顶上凤梨科植物的水槽中。它们大部分都是夜行性的，但也有一些是白天活动的，有些甚至偏爱明亮的阳光。这些夜晚活跃的种类可能活跃于不同时段：有的可能在傍晚时分，有的可能在午夜左右，其他的可能在黎明之前。现代蟑螂是温和的杂食性昆虫，它们在热带森林落叶层和有机质的分解作用和营养循环方面，起着重要的作用。一些现生蟑螂种类甚至可以为热带植物进行授粉。

许多早期蟑螂被认为会捕食小型软体昆虫或清除死亡昆虫的尸体，可能也包括死亡后掉落下来的巨型蜻蜓。根据发现的大量粪化石来看，许多其他种类的蟑螂被认为是食碎屑者，与现代蟑螂一样，它们在落叶

① 由于一些古昆虫学家认为石炭纪蟑螂与现代类型明显不同，他们把这些生物称为“古生代似蟑螂”或“长有产卵器的蟑螂”。这一术语比较烦琐，所以，我已经推荐使用更为熟悉的术语，简单称所有古代种类为“蟑螂（*roaches* 或 *cockroaches*）”。虽然它们在一些重要方面（比如它们具有明显的产卵器）与现代蟑螂不太一样，但如果我们能回到石炭纪，我们准备将它们认作蟑螂并可能宣称那是一个充斥着蟑螂的巨大沼泽。

层的迅速分解方面扮演了十分重要的角色。木蟑螂演化出了一种与它们的肠道微生物的共生关系，成为枯木的第一种大型有效消费者。蟑螂也相应地成了一大群捕食者的重要食物来源，包括蝎子、蜘蛛、蜈蚣、鱼类、两栖类、爬行类和巨型蜻蜓。因此随着蟑螂的出现，有机分子循环中发生了一个重要的变化。更多从植物资源中获得的生物量，从沉积作用和岩层的地质循环中逃离出来，然后，重新通过小动物回流到生命世界中去了。大成煤期也走到了一个终点。

在 2.99 亿年前的晚石炭世，由巨大木贼、种子蕨和古老松柏类组成的潮湿低地雨林上空升起了一轮圆日。当水汽从沼泽中升起，急匆匆的蟑螂收起了它们的翅膀，舒舒服服地躺在落叶层中。在森林冠层，彩色的古网翅类沐浴在清晨的阳光下，吸收着热量，然后拍动翅膀飞入空中。拥有薄纱般翅膀的巨型蜻蜓微微发光，相互追逐着。下方阴影中的海岸线，两栖类望眼欲穿地扫视着树冠层，烦恼着它们的下一顿美餐。沿着海岸线，同样沐浴在清晨阳光下的是另一种我还没有谈到过的新动物。在石炭纪时期，一种蜥蜴状的脊椎动物演化出来了，到石炭纪末期，一种大型的食肉爬行动物出现了，其食物来源主要是鱼类和两栖类。但你可以认为那些小个体只要能抓到的话，应该也是喜欢吃昆虫的。你还可以认为只要哪里有一大群蜉蝣出现，所有的两栖类和爬行类就会忙着取食从低矮植物上掉落下来的虫子。

当饥肠辘辘的爬行类在泥炭沼泽边缘徘徊时，石炭纪也快要结束了。地球变得越来越干燥，而泥炭沼泽日趋减少，松柏类正演化并改变着陆地生态景观。昆虫进化出了它们最为重要的一些特征，即翅膀以及一种将其折曲的复杂方式，但现在二叠纪就要来临了，一些更为令人吃惊的创新之举正在进行着。二叠纪时期，一些大型具背鳍的爬行动物统治了海岸线一带，飞行昆虫发生了前所未有的多样化，巨大的昆虫一直在空中巡视，复杂的完全变态发育模式也变得更加普遍。然而，二叠纪对于地球生命历史的关键性并不仅仅因为其演化的革新性。二叠纪末出现了生命历史上从未有过的最剧烈的变化：即迄今为止最大的一次灾难性大灭绝事件。弄明白这个事件，以及为何许多昆虫在这次大灭绝中幸存了下来，可能是解释为什么昆虫能够统治这个星球最重要的关键所在。

6. 古生代的大灭绝

二叠纪末大灭绝，是自从复杂的动物出现以来生命历史上影响最大的一次事件。

道格拉斯·欧文（Douglas H. Erwin），《大灭绝之母》

在过去的6亿年间，究竟是什么导致了可能是生命历史上最严重的灭绝事件发生呢？最简洁的答案是我们不知道，或者至少我不知道……由于阿尔瓦雷假说的影响，我们大多更喜欢为这样的事件寻找一个单独且引人注目的原因。我们记录历史的知识，只能为这一观点提供那么一点宝贵的支持，我几乎看不到什么原因，我期待看到能够干净利落地解决这一谜题。

道格拉斯·欧文（Douglas H. Erwin），《大灭绝》

科学的目的是为了寻找对复杂事实最简单的解释。我们很容易陷入把事实想得过于简单的误区，这是由于简易是我们追求的目标。每一个哲学家关于生命的座右铭应该都是：寻找简单并对此保持怀疑。

阿尔弗雷斯·诺斯·怀特海德（Alfred North Whitehead）《自然的本质》

儿时的两类电影流派会让我想起二叠纪时期。第一类是巨型节肢动物的惊悚影片。这些类型的电影已不像从前那样受欢迎了，但你还是可能看过一两部。最经典的例子是1955年的惊悚电影《巨蚁》（*Them*），其中的情节是有关因原子辐射而产生的巨型变异蚂蚁。这是第一部巨型节肢动物的惊悚片，而且在我看来也是最好的一部。这些年里很多其他片子大都销声匿迹了。你可以在以下影片中随意挑选。在汽车影院出现的大量捕鸟蛛吓坏了青少年们[①]，《致命螳螂》（*The Deadly Mantis*）里的捕食性螳螂大到可以吃掉陆军坦克，《魔斯拉》（*Mothra*）里飞蛾的翅膀能够产生吹倒日本办公大楼的风力。当然还有《变蝇人》（*The Fly*）里，一个倒霉的发明家在进入他自己新发明的时空运输设备时，不小心将昆虫的某部分和自己的身体融合了。《变蝇人》或许是唯一一部能让好莱坞认为有价值去翻拍的巨型节肢动物惊悚剧。最后，还有近年来才增多但很受欢迎的异形电影。万一你因为太害怕而没有注意到，那么，我来告诉你这些异形大多具有节肢动物的主要特征：一副坚硬的外骨骼，分节的身体，分节的附肢，通过蜕皮完成其变态发育过程，以及与蜻蜓幼虫类似的可伸长的口器。

① 《电影游戏》的影迷，可能还能回想起克林特·伊斯特伍德（Clint Eastwood）在这部电影中作为一个英雄般的喷气式飞机飞行员的短暂登台，他发射了一枚火箭摧毁了巨型变异蜘蛛。

第二类流派是神秘谋杀案，这些在我儿时极受追捧。阿加莎·克里斯蒂（Agatha Christie）的经典小说及其改编电影，比如《东方快车上的谋杀案》（*Murder on the Orient Express*）和《童谣谋杀案》（*Ten Little Indians*）就很受欢迎。谁能忘记阿尔弗雷德·希区柯克（Alfred Hitchcock）的电影《精神病患者》或叫《惊魂记》（*Psycho*）和《后窗》（*Rear Window*）呢？每周电视秀的佩里·梅森（Perry Mason）是一个幸运儿，从其犯罪现场调查（CSI）节目（迈阿密法律和秩序）的受欢迎度就可以看出，由此可见美国民众对于神秘谋杀案的兴趣并没有任何减少。

对我们来说，很幸运的是生活中并没有像《巨蚁》或《致命螳螂》中那样巨大的昆虫，人们也很庆幸体内没有寄生着像异形那样的巨大怪物。但在2.99亿年前的二叠纪时，昆虫确实长到了十分巨大的尺寸，当然还没有那些影片当中的那么大，但仍然要比现生的任何种类都要大得多。这些大型昆虫确实存在过的事实，提出了关于它们为何能生存以及为什么从来没有进化出更大的昆虫等有趣问题。二叠纪也存在着一些尚未解决的神秘谋杀案，那时有很多巨大的昆虫死亡并永远消失了；二叠纪也上演了大背鳍爬行动物的兴亡与三叶虫的灭绝。但所有这些生物在其终结后都不是孤独的。二叠纪末发生了生命历史上最大的一次大灭绝事件，绝大部分物种都是一直坚持到最末期才死亡的。这次事件是最为空前巨大的神秘谋杀案。

观察犯罪现场，估测死亡时间

进入二叠纪早期的转折点是平缓的。许多石炭纪时期的植物和动物都持续繁盛着，而大背鳍爬行动物一直兴旺到中二叠世。它们中有大量以鱼类和两栖类为食的异齿龙（*Dimetrodon*），但这些怪兽尤其是幼年个体很可能也会吃昆虫。即使是重达百磅的大型异齿龙，也会愿意静静等候从水面爬出来准备蜕皮，但还不能飞的巨型蜻蜓若虫。大背鳍爬行动物在早二叠世时统治了海岸线一带，但在中二叠世时期其生态位却被新的大型脊椎动物所替代，包括第一类温血动物，卡赞期（Kazanian）的原哺乳类以及后来在中生代时期演化出恐龙的槽齿类爬行动物。

仅仅过了几百万年，原哺乳类就产生了爆发性的多样化，它们是多么闹腾的一群野兽啊！它们可以跑、跳和撕咬。它们首先以修长、迅猛和大小似狗的捕食者形象来侦察山地，但在你能说“异齿龙肉排，一分钱一磅”之前，原哺乳类已经遍布陆地生态系统的各个角落了。占统治地位的大型捕食者，圆顶的卡赞期原哺乳类，具有可以发出吼叫的骨质颅腔和为了捍卫领地范围可以相互碰撞的可怕的头部。也有一部分小型种类会取食昆虫；这表明对节肢动物的热血追逐已经开始了。因此在山地草甸上，当虫子们第一次畅饮植物的汁液时，当甲虫第一次咀嚼木材时，对脊椎动物来说这还是一个勇敢的新世界。陆地栖息地上破天荒地出现了各式各样的骨质生物。但在约 1000 万年之后，卡赞动物衰败了，新一轮的原哺乳类占领了二叠纪森林：即鞑靼期原哺乳类王朝。老式的圆顶头形被两根狰狞的长牙所取代。一种新的温血动物群，再次填充了二叠纪草原森林这个巨大的动物栖息地，也再次出现了许多很可能会取食昆虫的小型动物。然后仅过了几百万年，鞑靼期原哺乳类也衰败了，这也是二叠纪末大绝灭的时期[①]。脊椎动物总共有约70%的科消失了。

二叠纪时期也发生了昆虫种类的惊人多样化，这甚至在种的丰富度上超过了著名的寒武纪生物大爆发。各个最大数量物种多样性之间是具有一段地质间隔的，那时的昆虫至少有22个目，比现在的还要多，古网翅类昆虫的多样性达到了空前绝后的巅峰[②]。二叠纪还出现了第一批直翅类昆虫，古蟋蟀和古纺织娘；第一批半翅类昆虫，拥有复杂的虹吸式口器的蝽，甲虫，草蛉，蝎蛉和石蛾。然而，昆虫此时比历史上的任何时期都要面临更多的灭绝危险 。二叠纪时22个目中的11个现在都已经灭绝了：其中8个是在二叠纪末期消失的，另外3个大量减少并在早三叠世完全消失。

植物的日子也不太好过。古老的石炭纪和二叠纪植物群逐渐消失。种子蕨、大型科达类和树形石松类植物都消失了，高大的蕨类植物也在高度和多样性方面大幅下降。早先很稀少的植物，开始占据干燥的中生代山地：包括高大的松柏类，大量苏铁类、银杏类，以及新出现的矮小的灌丛状蕨类植物。

虽然从我们如今的角度来看，那时陆地生物群落的变化是十分剧烈的，但与当时海洋群落的变化相比还是较为平缓的。事实上，较为突然

---

① 这一热血的剧目有一个有趣的边注。这一时期，一些现在已经灭绝的小型昆虫透翅目（Diaphanopterodea）具有细长的口器，其中一些很像蚊子。这是首个可能以血液为食的昆虫类型，或许这并不是碰巧与温血动物的出现同时发生。也许昆虫正在不断发起攻击。我只是推测，但古老的吸血昆虫是否真的在原哺乳类群落中传播疾病了呢？已知现在的蚊子可以传播200多种血液疾病，因此二叠纪的吸血昆虫，比如透翅类很可能可以在鞑靼期原哺乳类中传播致命疾病，这一推论显然是较为合理的。

② 那时目的多样性已经很丰富了，因为二叠纪时除了大量新出现的谱系外，石炭纪缓慢消失的谱系也发生了综合重整， 这些类群在二叠纪发生了多样化并产生了一些一直幸存到二叠纪末的后代。这些幸存者形成了一直繁衍至今的现代昆虫动物群的核心力量。

的晚二叠世大灭绝事件的最好例子是存在于海洋生物礁居民中的。我们的证据，来自保存完好的二叠纪和三叠纪生物群落中的海洋化石沉积物：这些化石向我们展示了超过 90% 的海生物种走向灭绝的事实，包括最后的三叶虫①。一些海洋生物类群，尤其是三叶虫在二叠纪末之前很长的时间就已经在减少了，但二叠纪末的灭绝事件是钉在它们棺材板上的最后一颗钉子。花了数百万年直到三叠纪中期生物群落才再次运转良好，海洋生物礁才恢复到从前那样的种类丰富度和生态复杂性。当它们真正恢复后，新的中生代生物礁群落则更接近于现代海洋生态系统中的情况。真正永远消失的是三叶虫、佩托斯基珊瑚和巨型海蝎，而腕足类和海百合的多样性也急剧下降。

二叠纪灭绝事件是一宗悬案：在我们注意到发生了不寻常的事件并开始调查之前已经过去了 2.52 亿年。从我们观察的角度来看，即便是按曾经所认为的那样，这一过程持续了几百万年，二叠纪与三叠纪生命群落的区别仍然是急剧且突然的。我们仍然在研究这些变化出现得有多么迅速，但越来越多的共识认为晚二叠世大灭绝并不是一个单一、短暂的事件，而是经历了一个长期的持续过程，或许是 5 万 –10 万年，尤其是对海洋的影响。灭绝事件究竟是缓慢还是突然发生，晚二叠世显然目睹了这一惊人的剧变，广泛的死亡和新生命的非凡过渡。从二叠纪到三叠纪期间植物和动物群落的灭绝和改变是如此的异常，以至于地质学家决

① 正如我们在第二章中所讨论的，三叶虫起源的寒武纪早期并没有发生大规模的多样化。相对于古生代沉积物中其他海生群落来说，它们变得更为稀缺。即便如此，我之所以选择三叶虫作为整个时代的象征是因为它们存在于这整个时期，但并没有出现在中生代和新生代的沉积物中。到二叠纪末，腕足类、苔藓动物和海百合化石成为了更好的地层指示者，因为它们那时更为普遍。到古生代晚期，三叶虫的多样性已经很低，因此它们的灭绝或许是不可避免的。

定在这一时期的地层中，标出一条特殊的线来将前后划分为不同的生命时代。迄今为止讨论的所有时期，寒武纪、奥陶纪、志留纪、泥盆纪、石炭纪和二叠纪合称为古生代，即“古老生命的时代”。第二个代，中生代包括三叠纪、侏罗纪和白垩纪，即恐龙时代。

嫌疑犯

这里有一份有关二叠纪灭绝事件众多假设原因的主要列表。新的动物种类演化出来，取代了无法有效竞争资源的旧种类；更加适应干燥气候的新型植物发展崛起了。植食性昆虫随着它们古生代的寄主植物一同灭绝了，因为它们无法食用新出现的植物。一次举世瞩目的惊人事件，也许是大规模火山喷发或一颗小行星撞击地球，杀死了海洋中的浮游生物，灾难性地摧毁了海洋食物网的基础[①]。有些人认为，广泛分布的火山喷发与一颗巨大的小行星撞击事件是同时发生的；其他人则暗示是因为不断变化的大陆板块。板块构造活动改变了大陆的现有位置，海平面发生的变化导致了海岸线栖息地的减少，进而产生了更加干旱的内陆气候。大陆漂移将各个陆地合并到一起，将不应该共生的生物群落带到了一块；然后是冰川作用。一些人认为冰盖的扩张导致海水湍流混合，这会把深处的有毒物质带到表层；其他人暗示变化的大气气体要么会提高二氧化碳浓度，要么会降低氧气的浓度或者使两者同时发生。曾有人认为三叠纪典型的红色岩层表明当时的大气是缺氧的：彼得·沃德（Peter Ward）

① 二叠纪西伯利亚的火山喷发，相当于 1981 年圣海伦斯火山喷发时所产生浮尘粒子的 150 万倍。

图 6.1 一枚具有美丽纹饰的古网翅目昆虫化石带羽盾巴虫（*Dunbaria fasciipennis*），产自堪萨斯州二叠纪地层中。这一古网翅类昆虫目是二叠纪大灭绝中的受害者之一。（弗兰克·卡朋特 [Frank Carpenter] 拍摄。哈佛大学比较动物学博物馆）

在他 2004 年所出的书《戈尔贡》（*Gorgon*）中提到，南非的大型戈尔贡原哺乳类是由于窒息而死的，而恐龙谱系得以生存则是由于它们拥具更有竞争力的肺。氧气含量的下降导致大气稀薄，使得大型昆虫很难飞行，或许也令它们无法以较高的代谢速率生存下去。

史密森学会的古生物学家道格拉斯·欧文（Douglas H. Erwin）针对二叠纪末大灭绝的主题写了两本书和几篇文章。他指出有些人自以为掌握了灭绝的原因，然而，其中一些假设的答案却是“自相矛盾”的，所以，他们不可能完全正确。将其描述为“一张纠缠的网络而不是单一的机制”可能更为准确，欧文提出了一种“东方快车谋杀案”式的假设，这意味着并非只有一个简单的答案；相应的，最好的解决方法是将多种假定的原因合并起来。他注意到二叠纪末的事件似乎是以三幕的形式发生的：第一幕是涉及随着气候条件的大幅摆动浅海洋盆出现大范围的干涸现象；第二幕是涉及海水化学变化以及大范围火山喷发，导致大气中二氧化碳浓度迅速增加的现象。这加速了全球变暖和海洋中氧含量的突然下降，一种称为缺氧的状况，对海洋生命造成了灾难性的后果；第三幕涉及海岸和近岸陆地生物群落的大范围灭绝。

在他 2006 年出版的书《大灭绝》中，欧文坦率地说：“我不知道为什么。”这是一个极其令人吃惊的陈述，因为，这是出自一名比任何人都更为深入研究了二叠纪末大灭绝的科学家之口，这或许也可以用来说明这一问题持续的复杂性。但幸运的是，他继续据理推测出可能的解决办法，这与他早先的看法相呼应：西伯利亚“溢流玄武岩”火山，可能通过向大气中释放大量硫黄气溶胶和二氧化碳，而促发了大灭绝事件，这将导致全球变暖。全球变暖会导致海水缺氧和海洋生命快速的大灭绝现象。这一幕，很好地解释了为何咸水海洋中的生物会灾难性地快速消亡，但陆地上包括陆生昆虫、淡水昆虫等的灭绝事件却仍然很神秘。

采访幸存者

晚二叠世昆虫灭绝的其中一个最典型特点，是古翅类昆虫受到了严重的影响。其中的大部分都没能存活下来，有 4 个目完全灭绝了：古网翅目、巨翅目（megasecoptera）、透翅目（Diaphanopterodea）和双异翅目（Dicliptera）。所有这些昆虫，都具有一个吮吸的喙和陆生的若虫。与之相对应的是，那些从二叠纪大灭绝中幸存下来的古翅类，都具有生活在池塘、溪流和沼泽中用鳃呼吸的淡水若虫。蜉蝣目在二叠纪时期十分多样，至少有 5 个科，它们一直生存至今。二叠纪的豆娘（蜻蜓目）至少有 6 个科，这是与现代蜻蜓相关的一种精巧生物，它们在中生代的恐龙时代变得极为多样。接着还有原蜻蜓目，空中的巨型蜻蜓。其中最大的种类在二叠纪中期时就灭绝了，但其他的小型种类却很好地存活到了中生代，并飞向第一批恐龙。

这些细节显示，虽然二叠纪末大灭绝残杀了海洋中的生命，但生活在淡水池塘和溪流中的昆虫似乎找到了避难所。这进一步被两类幸存下来的淡水昆虫的事实所支持：石蝇（𫌀翅目）和石蛾（毛翅目）。因此，任何二叠纪大灭绝的模式，都需要对这一事件为何只对咸水而非淡水系统产生影响做出解释。一些涉及海平面下降，海岸栖息地减少，沉积作用，深海有毒物质的迅速翻覆，以及海水氧含量的损耗就都可以得到解释了。另一方面，一些关于彗星或小行星的影响就没有多大意义了，因为，这些也会严重影响淡水栖息地。由于蜉蝣、石蝇和石蛾的水生幼体对环境的变化是最为敏感的，因此这点就显得格外正确了。它们的存活明确显示一些淡水栖息地基本没有受到多大影响。

如果对二叠纪的水生昆虫来说生活还显得比较安逸的话，那么，陆地森林生物群落中的水外生活会更为艰难应该就是一个必然结果。古翅类面临着日益增长且更为新奇的昆虫竞争者；最引人注目的是新翅类昆

图 6.2 这是厄瓜多尔一种十分隐蔽的纺织娘（螽斯科 Tettigoniidae），它是现代直翅目昆虫中十分成功的例子，在二叠纪时期就很繁盛了。（安吉拉·奥克斯纳 [Angela Ochsner] 拍摄）

虫大量扩增：蜚蠊目（Blattaria）的蟑螂，在石炭纪时期已经出现。它们在二叠纪时稍有减少，但仍然是该时期最常见的化石之一。原直翅目（Protorthoptera），是各种各样具有咀嚼口器和新翅型的似蟋蟀类昆虫，它们极为成功，由至少 40 个科组成，在中－晚二叠世期间，它们在种的分异度和丰度上达到了顶峰。直翅目，一支大力咀嚼的昆虫队伍，具有强壮的上颚，包括现代蟋蟀和纺织娘的祖先类型，在二叠纪期间达到一个新的热潮，成为了当时一个最多样的昆虫目。

如果你的家中曾经出现过蟑螂或蟋蟀，你就会知道，它们是相当具有侵略性而且几乎无所不吃。它们会咀嚼各种有机物质。我们曾认为为蚱蜢和纺织娘是植食性的，但当它们能抓到其他昆虫时，许多也是活跃的肉食动物，有些甚至是臭名昭著的同类相食者。因此，二叠纪的原蟋蟀、蟑螂和原纺织娘，都会津津有味地咀嚼抓到的古翅类若虫。抓住它们是很简单的。缓慢运动的古网翅类若虫，在爬上植物将它们的喙刺入成熟的孢子囊中，吮吸出营养的孢子时，就成了捕食性直翅类昆虫的囊中之物。直翅类也会更有效地去竞争同一食物资源：当古翅类若虫还只能从成熟的孢子囊中吮吸孢子时，直翅类就已经可以在孢子囊成熟之前直接咀嚼消化整个孢子囊了。最后，在日益增多的新翅型主导的世界里，这些若虫转变为成虫的过程中会出现一个真正的弱点。因为古翅类昆虫无法折叠翅膀，以躲藏在一个小的空间里或飞得和新翅类一样快，所以，它们为捕食者形成了一个更大更缓慢的目标而导致死亡率升高。

二叠纪另一个成功故事的主角是：蛩蠊，也叫岩石爬虫。这些动物是由一小群现生的蛩蠊目（Grylloblattodae）昆虫组成的，这个目的意思是“蟀 – 蜚”，表示与它们的表亲蟋蟀和蟑螂都具有一些相似之处。但蛩蠊建立了它们自己独特的生活方式。在二叠纪的某时，岩石爬虫的祖先沿着河床爬得越来越高，最终适应了永久冰雪带最顶峰的生活。在高山环境中，翅膀成为了不利的累赘，因为扁平的部件既能吸热也能散热，所以蛩蠊与其他高海拔昆虫一同演化出了无翅的体型[①]。二次无翅昆虫在今天十分常见，比如虱子、跳蚤和工蚁，但蛩蠊是第一类放弃翅膀的昆虫。为了保暖，它们产生出黑色素来吸收太阳能辐射，躲在阳光中的岩石之下来取暖。它们也发育得很缓慢。一只蛩蠊可能要花数年才能达到成年阶段，因为，它冷却和不活跃的时间比它活跃的时间要长得多。当高山气候变得温和时，蛩蠊就会变得活跃起来，它们会从其温暖

① 二叠纪蛩蠊化石仍然显示存有翅膀，但到晚白垩纪时它们就变为无翅的了。

的躲藏地跑出来，并在冰雪带的表面进行觅食。你可能会认为在冰川顶峰应该没有什么可吃的，但飞行昆虫不会总是出现在它们想去的地方。许多会被风暴捕捉，昆虫云团可以被风吹得很远，有些还可以到达很高的海拔上冰冻后掉落在地面上。不久后在温和的气候中，蛩蠊类就可以食用它们的冷冻鲜肉了。

它们多年来并没有太过于多样化，但是蛩蠊向我们展示了无须高度多样化就可以躲过全球性灾难性事件的例子。我们从俄罗斯二叠纪的化石中得知，蛩蠊类的基干类群在2.52亿年前就演化出现了，古老的蛩蠊平安无事地躲过了二叠纪末和白垩纪末的大灭绝期。它们此后就一直与我们生存在一块了。

吮吸的生活：迈向成功的汁液汲取者

最大的二叠纪创新事件之一是同翅类的刺吸式口器。这一口器是由称为口针的空心针状取食管组成的，这使得同翅目①，包括现代的蝉、蜡蝉、叶蝉、沫蝉、角蝉、蚜虫、介壳虫及它们的亲戚，成为植食性昆虫中最为成功的一支。通过它们十分精致的口针使同翅类可以深深刺入植物组织，通过一套管子注入唾液酶来预先消化植物组织和液体，再通过另一套管子把液体吸出来，这一般是直接在植物的维管运输系统的韧皮部进行的。当二叠纪气候变得越来越干燥时，这些昆虫创造了一种取食

① 一些学者把同翅类作为半翅目的一部分（这将在下一章里讨论），并把它们分为三个亚目：胸喙亚目（Sternorrhyncha），头喙亚目（Auchenorrhyncha）和鞘喙亚目（Coleorrhyncha）。这一专有名词显然有些烦琐，所以我更喜欢用它们简单且更为熟悉的名字：同翅类。

高营养食物汁液的方法。这也是一种避免植物反击的创新之举。同翅类无须担心碰到极难消化的分子如木质素和纤维素，昆虫可以完全避免碰到它们；同时这些昆虫还可以避免黄酮类和其他聚集在多叶光合组织中的二次防御化学物质的伤害。

同翅类昆虫似乎创造了完美的取食体系，但仍然有一个问题，因为好得过头反而成坏事。溶解的食物分子需要被集中在一起并去除多余的水分，同翅类也是通过一个很吸引人的方式来解决这一问题的：它们在其消化道中进化出了一个滤腔，用来集中食物并快速分流多余的水分。滤腔是这样工作的：同翅类的消化道是很长的，它的后端会一直绕到其前侧部分。后部与前部的重叠部分被一层薄膜环绕了一周，而在这一点上有两件事情发生了：多余的液态水被直接转移到后肠中进行快速排泄，食物分子被集中后运往中肠中再吸收进入体内。这一消化机制并不是完美的，其结果是同翅类昆虫总是把大量水分连同糖分一同排泄出去。如果在夏季，你曾经把车停在有大量蚜虫出没的树下，你很可能就遇到过这样的情况。在你的挡风玻璃上坠落的黏性物就是蚜虫的粪便。在干燥的气候里，这个东西会在树的叉枝上结晶为固体块状，不久后就会掉在地上。这就是术语“天赐之物”的由来。

同翅类在二叠纪时期日趋多样化，并在二叠纪末幸存下来而没有遭到明显的灾祸，之后又在中生代迅速演化。所有这些，都发生在具有香甜花蜜和果实的显花植物还没有演化出来之前，因此如果最早的恐龙曾经对甜食很渴求的话，那么同翅类昆虫的天赐之物就是周围仅有的甜食了。同翅类的再次增殖扩张显示，二叠纪末大灭绝事件并不是一个单一的灾难事件；相反，它们的成功支持了全球气候变化假说。或许陆地上的气候确实变得更加炎热干燥，但同翅类通过发展出一套流质饮食以及能够吸收液态营养物质的能力，而成功生存下去。或许植物群落正以古老昆虫无法适应的方式发生着改变，但同翅类通过直接钻入植物维管运输管里，并在营养且无防护的汁液中取食而获得了巨大的成功。

缨翅目（Thysanoptera），即所谓的蓟马也在差不多的同一时间演化出了一种液体取食策略。它们的学名意思是“具穗边的翅膀”，即蓟马很窄的翅膀周围饰以长发状的穗边。然而，这一特征并不是它们独有的，羽翅甲虫和微型胡蜂中的仙人蜂也具有这样的翅膀。蓟马真正不寻常的地方是它们不对称的口部：上颚的右侧缺失而左侧的还在，这意味着它们仅有左侧的牙齿。蓟马使用左侧牙齿是极具创造力的：当取食时它们会扭头用其牙齿刮擦柔软植物组织的细胞表面。一旦植物遭到了损害，营养的汁液会从表面渗透出来。然后蓟马使用它们剩下的口器形成了一个吸食液体的短喙，可以饮用流质。因此，蓟马就演化出一种不用刺入维管中就可以吸食美味植物汁液的方式，从而让它们可以免除同翅类昆虫所面临的强大液压问题。但它们的取食方式要求它们进化出微小的体型，大多数的种类仅有几毫米长。蓟马这种将流质饮食与微小体型结合的方式让它们成了真正的赢家，悠闲地度过了二叠纪末大灭绝而没有遭受严重的影响，并在过去的 2.5 亿年中获得了稳健的种类分异度。如今它们已有至少 5500 个现生种了。

变形金刚：完全变态发育方式的崛起

嘎吱咀嚼的直翅类和原蟋蟀的增殖扩张，与取食精炼汁液的同翅类昆虫似乎一同取得了二叠纪昆虫的最主要功绩，但昆虫的另一项壮举，却最终让这些事情在对比之下都显得苍白无力：那就是昆虫幼年阶段的变态发育发生了复杂的多样化。这一创新可能是昆虫取得长期成功唯一最重要的因素，因为，超过 90% 的现代昆虫属于复杂的变态或完全变态类群[①]。

从基本层面上看，复杂变态方式的成功应归结到翅膀解剖变化上去，具有灵活翅膀的新翅类昆虫比古翅类昆虫拥有巨大的优势。但它们身上仍然存在缺点：年幼的若虫从胸部两侧暴露的翅芽上长出翅膀，当它们开始逐渐羽化时，很可能会破坏其成长中的娇嫩翅膀。完全变态昆虫是通过翅膀发育内部化来解决这个问题的，这与其他成年特征一同是源于一种称为成虫盘的细胞群。这使年幼的全变态昆虫过着活跃的甚至是有些好斗的生活，这样可以避免损坏它们成长中的翅膀。但翅膀的内部发育还有另外一个重要意义。全变态幼虫会钻入植物组织、真菌、死亡动物或其他任何基底中，这样也不会损坏它们的翅膀。它们变成了高效的进食机器，而许多成年昆虫不需要进食（它们仅依靠从幼年期就开始储存的食物存活）；这样的专门性取食方式，使得幼虫所吃的是完全不同的食物，这样就能有效地避免成年个体与其幼体在食物和栖息地上的竞

① 最古老的昆虫幼虫化石和成虫化石，发现于二叠纪时期几个已知具有完全变态发育的类群中。晚石炭纪时期发现了几个植物虫瘿化石，由于现代虫瘿大多是由昆虫幼虫造成的，所以一些科学家比如史密森学会的古生物学家康拉德·拉班德拉（Conrad Labandeira）推测：完全变态发育首先是在石炭纪晚期出现的。晚石炭纪发现的一些公认的完全变态发育昆虫，让内尔和他的同事将复杂变态发育作为“延迟到来成功的一个至关重要的创新”（内尔 [A.Nel] 等，《最早的来自石炭纪的完全变态发育昆虫：延迟到来成功的一个至关重要的创新 [昆虫纲：原蜂虎目：原蜂虎科]》，《法国昆虫学会年报》，43（2007）：349）。大多数昆虫学家相信干旱的气候（二叠纪干旱）是激发二叠纪时期完全变态昆虫多样性的原因所在。无论是什么原因，我们确实知道它们在晚二叠世期间发生了极度的多样化，而那些具有完全变态发育的类群也存活到了二叠纪末之后。

争。成体则高度化地全身心投入到求偶、交配、产卵和扩散的任务中去。

要衔接从进食的幼虫转变为生殖的成虫，一个中间型转变阶段就诞生了：蛹。许多人认为蛹就是一个休眠阶段，但是事实远远没有这么简单。它或许可以让昆虫度过寒冷的冬季或持久的干旱季节，但其目的其实还有更重要的方面。在蛹的内部，惊人的细胞变化正在发生：肌肉系统进行了重组，大量用于飞行的胸肌创立起来了；翅膀、生殖器官和成虫期的感觉系统也建立起来了；消化系统也可能被深入地修改和重置了，尤其是当幼虫与成虫是食用完全不同的食物时。这一转变的最好例子，就是从食用固态植物的毛毛虫转变为取食液态植物花蜜的成年蝴蝶。因此，复杂变态发育的优点有很多：它使精巧的翅膀可以在内部发育，制造了新的取食可能性，实现了幼虫和成虫行为的专门化和分离化，以及发展出了摆脱不利环境条件的多样休眠期。

谁是二叠纪的全变态昆虫，那个时期到底发生了什么？有些是模糊不清的，比如已灭绝的小翅目（Miomoptera）昆虫，仅发现了一些很难解译的翅膀碎片化石，一些古生物学家甚至不认为它们是全变态的昆虫。然而，很多其他从二叠纪末大灭绝中幸存下来并繁衍至今的种类，对我们来说就较为熟悉了。这些包括蝎蛉、草蛉、甲虫、苍蝇、飞蛾和石蛾。

长脸和多脉的杀手

长翅目（Mecoptera）昆虫中的蝎蛉与真正的蝎子完全没有关系，它们也不会蜇人。它们的名称，来源于其雄性身体末端具有与蝎子尾刺类似的一大型球状生殖器。它的头部向腹面延伸为宽喙状，外形类似于马脸以区别于其他种类的昆虫。许多蝎蛉会捕食其他小型昆虫或食用昆虫的尸体。它们狭窄的鼻尖处发育为口器，这使得它们可以伸进狭窄的空间取食小型猎物。在二叠纪期间，蝎蛉是最为丰富多样的具有完全变态特点的昆虫，它们在早二叠世迅速演化①，到晚二叠世时已经出现了11个蝎蛉科，是现今科数的2倍。事实上，二叠纪蝎蛉的多样性比其他任何时期的都要多得多②，到二叠纪末期，它已经大大影响了森林生态系统中其他昆虫的数量，因为，蝎蛉也常会捕食缓慢移动的昆虫以及它们的卵。

脉翅目（Neuroptera）的草蛉及其近亲也出现在早二叠世时期，到晚二叠世时这一贪婪的家族由至少6个科组成。其学名的意思是“具脉状翅膀”的昆虫，因为它们具有大量极细的翅脉。脉翅类会积极捕食其他小型昆虫：成虫具有咀嚼型口器，但幼虫能够通过它们锋利的镰刀状颌部撕碎猎物，再通过它们上颚中狭窄的通道吸食血液。大部分的脉翅类都是陆生的，但新创的吸食流质的能力使得它们中的一些可以进军淡水栖息地。草蛉幼虫也演化出另一种奇特而有用的技巧：所有的昆虫都具有称为马氏管的排泄器官，能够把氮的废弃物排出血液，运往后肠从而清除出去，但脉翅类的幼虫演化出一项能力可以把它们的废弃物转变为一种有用的产物：丝，这可以在蛹期时用来织出具保护性的茧。然而，要想把这些丝从身体里弄出来，它们需要将其排泄出来。脉翅类幼虫是唯一一类从其肛门吐出丝的动物。

---

① 内尔及其同事认为蝎蛉可能起源于晚石炭纪时期，但它们是在二叠纪时期才成为一种普遍的化石的（内尔等，《来自最早的石炭纪的完全变态发育昆虫》）。

② 在中生代中期的某一时刻，蝎蛉的一支谱系发生了分化并演化出寄生在鸟类、哺乳动物或者可能是恐龙身上的吸血类型。蚤目，通常我们称为跳蚤，是现在被认为与雪蝎蛉科（Boreidae）的雪蝎蛉最为接近的一类了。跳蚤是在新生代时期伴随着哺乳动物而迅速演化出现的，现在由至少2500个种类组成，因此，如果将跳蚤重新归入到蝎蛉的一部分的话，现代长翅目的种类就会更加丰富了。

纺纱工、建筑师和地质学家

至少还有一个新的二叠纪昆虫目能吐丝：毛翅目（Trichoptera），常见的为石蛾。“石蛾”的名字源于古英语“卖毛线的人（caddice men）”，即把布条别在他们夹克上的小贩（就像石蛾会把各种材料黏在它们可拖带移动的巢壳上一样）。它们的幼虫会以一种更为熟悉的方式吐丝：在头部的末端，位于口器附近改良过的唾液腺处。石蛾会使用它的丝在一个新的栖息地定居下来：即水流迅速的淡水溪流，这里可以方便寻找从上游冲刷下来的食物碎屑，或其他由水流带来的小昆虫和水生动物。而且，湍流中还会有许多取食岩石藻席的美味小蜉蝣和石蝇。

石蛾幼虫的丝不仅可以用来进行锚固或作为安全索到下游去捕食，一些幼虫还学会了在流水中编制水网来收集有机质碎屑。其他的幼虫还学会收集小石块、沙子、木头和其他材料粘贴到石头上，形成一个保护性的帐篷。最后，一些虫子想出了如何通过系丝将帐篷变成便携式的，并收集一些物品搬入活动的小屋中。观察现代石蛾建造的巢壳（它们是大自然最灵巧的建筑师）可能会告诉我们很多关于这个古老物种的行为特点。现代的巢壳实在是令人印象深刻，它们有着各种大小和形状。一些会很长，而另一些则很短；一些很圆，而其他的则是方形或螺旋形的。每一种都会建造属于自己独特的巢壳并收集自己最喜爱的建筑材料：沙子、卵石、大石头、小木棍、大木块、贝壳碎片或一片树叶。然而，有些还喜欢收集重金属颗粒，已知有一种喜欢收集金沙编入其巢壳中的种类，这使得石蛾成为了第一批地质学家和第一批建筑师。

除了具明显的保护功能外，巢壳还有其他功能：一些石蛾会把大石碴系在巢壳上，这会确保它们在湍流中沿着水底移动时不被流水冲走。大部分巢壳为管状，两端开口，这样的结构便于废物的排出和水流的进入。许多还演化出通过在巢壳中抽水来给气管鳃通风的能力，从而增加通过鳃的氧气浓度。这一特点使得石蛾可以成功扩散到氧气浓度更低的缓流或静水环境。

在有关它们的代表性文章《毛翅目的生态多样性》中，水生昆虫学家露丝玛丽·麦基（Rosemary Mackay）和格伦·维金斯（Glenn Wiggins）观察到：现代水生昆虫群落中的石蛾的种数已经大大超过了蜉蝣、蜻蜓或石蝇的种数。他们很奇怪为何会出现这样的情况？在总结了2.5亿年以来水生昆虫的演化历史之后，他们最终得出了一个令人意外的简单结论："我们所看到如此丰富多样的毛翅类，只是可能由吐丝而产生的生态机会的一个表达。"[①] 那些非常万能的物质，使石蛾可以将其水生栖息地分割为几百个让其他不会吐丝昆虫难以企及的微型栖息地。即便是许多早几百万年前就定居水体的蜉蝣、豆娘和石蝇，石蛾也能编织出一个对那些更古老的昆虫来说，不可能达到的新的生活方式。

二叠纪石蛾的出现表明原始的飞蛾（鳞翅目）也应该差不多在这一时间里出现了，虽然它们最早的化石记录被发现于约5000万年后的侏罗纪。大量解剖学和行为学证据表明鳞翅目与毛翅目之间的亲缘关系十分密切：它们就是我们所称的姊妹群，根据定义它们应该是在同一时间产生的，因为它们具有一个共同的祖先[②]。因此，这是昆虫化石记录存在

① 麦基（R.J.Mackay）和威金斯（B.Wiggins），《毛翅目的生态多样性》，《昆虫学年报》（*Annual Review of Entomology*）24（1979）：185.

② 内尔及其同事认为，这些目的基干类群可能起源于石炭纪的宾夕法尼亚亚期。但石蛾是直到二叠纪才发生多样化的，而飞蛾就更晚，要到中生代晚期。

一大空白的很好例子。我们知道飞蛾，或者至少是原飞蛾，在二叠纪时就已经出现了，但显然它们直到1000万年后才留下了化石证据。如果最原始鳞翅目的存在是某种暗示的话，那么这一空白的存在应该有其明显的理由。它们是以植物组织为食的微小种类，最古老的类群具颚蛾（小翅蛾科 Micropterigidae）是以十分潮湿、接近半水生环境中的蕨类植物为食的。因为微型软体昆虫多生活在潮湿、温暖的森林，植物死亡后会迅速分解，若果真如此的话，最早的飞蛾是不会形成化石的。

双翅目（Diptera）昆虫的苍蝇也是起源于晚二叠世时期的，虽然它们那时并不常见，但却躲过了二叠纪大灭绝并生存至今，成为现代世界里最普遍和多样的昆虫。与石蛾类似，古老的长角蝇具有生活在凉爽、新鲜且快速流动水体中的水生幼虫。这些幼虫产生了多样的吸盘锚固结构以便在湍急的流水中抓握岩石，它们就在岩石上抓捕藻类和有机质碎屑。如今，现存的一些较原始的水生蝇幼虫能够吐丝，这样，它们就可以将身体锚固在急流中或安全移动到下游地区。

为什么对二叠纪昆虫来说溪流环境会这么受欢迎呢？在那时，冈瓦纳南部超大陆正经历广泛的冰川作用。陆块相互碰撞导致内陆面积猛增，在一些地方冰川遭遇温带和热带气候，从高海拔地区融化的冰雪产生了一些汹涌的水流，这为那些适应迅速移动的水流和涡流的昆虫，提供了丰富营养物质的新前景。蜉蝣和石蝇是第一批定居高海拔河流的昆虫。不久随它们而来的就是石蛾、长角双翅类和水生捕食性脉翅类。二叠纪究竟是大灾难还是大繁荣期要取决于你看事情的角度。对那些能够寻找并定居新栖息地的昆虫来说，这就是一个成功的时代。水生蜉蝣、石蝇、石蛾和长角蝇都成功地在二叠纪后幸存下来，并从此以后繁衍壮大。

遇到咬树皮的甲虫和其他虫子

从第一只卑微的甲虫（鞘翅目 Coleoptera）繁衍出了数量繁多的后代。现代热带森林是数千万种甲虫的家园，一些人估计可能有 3000 万 -5000 万种，这一庞大的数量致使昆虫学家马克 · 墨菲特（Mark Moffett）将地球描述为“甲虫的星球”[①]。这些昆虫是如何获得这样天大的成功的呢？保持着飞行扩散获得的优势，它们又发展出了一套终极盔甲来保护自己。甲虫的前翅变成了一副称为翅鞘的坚硬外壳，当停息时可以覆盖保护后翅。当甲虫飞行时，其后翅打开，比前翅更大，而飞行主要依靠后翅支持：这是一种称作后机动式（posteromotorism）的异常方式。鞘状的前翅可以展开，但只能提供用以滑翔的浮力。

二叠纪时仅有几个甲虫群落，大约有 6 个科，它们都属于最原始的甲虫亚目。它们是第一种钻木昆虫，居住在森林灌丛中。它们嗡嗡地从一棵倒落的枯木飞到另一棵上，当钻入潮湿腐烂的木头中产卵时，它们坚硬的盔甲可以保护其免受捕食者的伤害。这一环境也是其幼虫躲避干燥空气和阳光的保护伞。甲虫也是第一类通过混合木材和真菌来食用木质素和纤维素的生物。

啮虫（啮虫目 Psocoptera）是首批加入枯木甲虫大军的。啮虫是具有咀嚼型口器和渐变态发育的微小贪食昆虫，它们啃食着枯木树皮下疏松的有机质，而且可以大量聚集在一起。它们的现代表亲书虱则是以纸张为食，如果未被发现，它们可能会毁掉整座图书馆的书籍。在晚二叠世

① 道格拉斯 · 查德威克（Douglas H.Chadwick）和马克 · 莫法特（Mark W.Moffatt），《甲虫星球》，《美国国家地理》193（第 3 期）：100.

图 6.3 堪萨斯二叠纪岩层中保存的一枚完美的华丽滑翅虫（*Liomopterum ornatus*）（滑翅科 Liomopteridae）化石，第一胸节上具发育完好的背板侧叶。这一新翅类昆虫科是二叠纪大灭绝的又一个受害者。早先是放在原直翅目中的，而这些昆虫现在被认为可能是基干襀翅类。当它们灭绝时，它们的水生亲戚石蝇（襀翅目）却幸存并繁盛起来。（弗兰克·卡朋特 [Frank Carpenter] 拍摄。哈佛大学比较动物学博物馆）

期间，啮虫和第一批甲虫与木蟑螂和真菌一同协作，将森林中的枯木和落叶中的营养物质进行快速分解和回收再利用①。

一个主要的嫌疑犯？

许多昆虫种类在二叠纪末期中都可能经历了大灭绝，但几乎所有具有完全变态发育的以及许多具有渐变态发育的目（如啮虫、蓟马和同翅

① 虽然难以察觉，但啮虫目已经大规模多样化了，并至少有 4400 个已描述的种类。由于它们个体微小并生活于隐蔽的地方，所以，很可能还有许多仍然没有被发现的啮虫种类。

类）都幸存了下来。仅有一个完全变态的目，微小且不常见的小翅目消失了。还有两个小目，鲜为人知的舌鞘目（Glosselytrodea）和副毛翅目（Paratrichoptera）则度过了二叠–三叠纪界限，于中生代中期时才灭绝。或许它们不能适应中生代的环境变化，或许它们是被温血的恐龙消灭的；或许它们是失败了，又或许它们进化成了更为现代的类群。无论舌鞘目和副毛翅目身上发生了什么，在这里都不重要了。关键是它们在二叠纪幸存下来了。

许多其他的目也是如此，不断地持续多样化，到现在也很普遍了。一些如同翅目、脉翅目、鞘翅目和长翅目的昆虫，在晚二叠世时所拥有的丰富种类也开始有所减少，但进入三叠纪后再次兴盛起来。其他诸如毛翅目、鳞翅目和双翅目的昆虫，虽然在二叠纪时分异度不高，但仍然熬过了大灭绝期。它们现在是种类最为丰富的目之一。那么，它们为何能幸存下来呢？像三叶虫那样低分异度的类群，会倾向于灭绝的观点也不适用于这里。一些种类生活得很幸福，因为，它们拥有未受影响栖息地的开拓性生态环境以及拥有诸如完全变态这样武器的军械库。二叠纪大屠杀的嫌犯一定是某种选择性特工。我们正在寻找一个可以在珊瑚礁肆虐，并残杀海岸低地生物却不会对高地群落造成太大影响的杀手。

或许，一个因素就把这个故事里的多种元素联系在一起。我们仍然有必要来考虑一下我们的老朋友板块构造（也称为大陆漂移）的影响。你可能已经读到过或者学过大陆漂移学说①，你或许还能回想起在如今的大陆板块成形前的样子：在中生代早期曾经有一段时间北方陆块形成了一个

① 这并不是我们第一次考虑大陆漂移对生命历史的深刻影响了。在第二章，我们就讨论了晚前寒武纪大陆漂移是如何使这些陆块排列对齐并导致了全球瓦兰吉尔冰期的，在这一冰期中古老的微生物世界发生了大灭绝。我们也思量了持续的大陆漂移是如何将地球带出瓦兰格尔冰期的，这也可能触发了寒武纪生物大爆发。

称为劳伦古陆的大陆，而南方陆块则形成了冈瓦纳古陆。你或许还能记起在那时之前所有的陆块联合，形成了一个称为盘古的超级大陆。如今的北美洲直接与南美洲、非洲和欧洲拼合在一起，而如今的非洲位于中部，直接与北美洲、欧洲、亚洲、南美洲、南极洲、印度、沙特阿拉伯和澳大利亚相连。许多人错误地认为，这一超级陆块聚合事件是大陆漂移的起点，然而完全不是那么回事。这只是我们现代大陆重组的起始点。盘古大陆首先形成于早二叠世，当时很多的古陆块发生了聚集重组，在之后部分裂解后，又在中三叠世重新结合在了一起。重组花了数百万年，恰好与二叠纪末大灭绝事件密切关联。

当岛屿和大陆相互碰撞时，原先分离的区域就相互融合了。这会通过消除海岸线及其湿地群落来缩减海洋区域，这也带来了不同的植物和动物群落。当这些群落混合在一起后，它们之间的竞争，会确保其中的一些种占据主导而成为广泛分布的“杂草”，而其他不太具有侵略性的种类开始会被孤立起来，但最终会被推向灭绝的边缘。由于大型陆块碰撞并融合在了一起，这些过程将会被加速：可能会促发火山爆发，内陆新的山脉可能被抬升起来，也可能形成新的河流，这些都为昆虫的定居做好了准备。随着陆地面积的扩大，全球气候也发生了较大变化。内陆地区变得越来越炎热干燥。一些植物和动物，比如具有完全变态的昆虫，就更加适应这些变幻莫测的环境了。

仅凭盘古大陆就可以解释二叠纪的灭绝事件吗？正如那些论点听起来那么令人叹服一样，现在答案是否定的。在过去的几十年里，我们一直认为灭绝事件发生了几百万年，但是，道格拉斯·欧文（Douglas Erwin）和其他科学家通过对来自中国二叠纪沉积物的详细研究，将二叠纪末大绝灭的时间跨度缩短到仅仅 10 万年或者更短。那看起来似乎是很长的时间，但对作为主要元凶的板块构造运动来说却是十分迅速的。然而，我仍然认为对许多陆生昆虫成功的多样化而言，记住它们可能是一个关键因素是很重要的。盘古大陆的形成有助于引发二叠纪干旱的陆地气候，这也通常是作为那时完全变态昆虫能迅速成功演化的重要原因。

二叠纪末大灭绝看起来并不像一次单一事件或是一次由诸如小行星引发的快速事件。彗星撞击说的狂热爱好者，已经花了三十多年在地球上寻找相关的地质证据，但他们没有找到任何明确的证据。他们没有发现任何一个来自这个时期的陨石坑或陨石碎片。此外，二叠 - 三叠纪界限的岩层也没有发现铱异常现象，这与小行星撞击后的预期情况不符。声称在二叠 - 三叠纪界限层发现了富勒烯（巴基球 buckyballs）让撞击狂热者们兴奋不已，但这些报道因为很快遭到了质疑也就无关紧要了。殒击支持者曾一度认为，有一颗小行星撞击了地球并触发了西伯利亚火山喷发事件，故而岩浆填平了这个陨石坑。这确实是一个有趣的想法，但它仍然缺乏合理的证据。哲学家怀特海（Alfred North Whitehead）劝告我们“寻找简单的方法，但要保持怀疑”。他的这一建议似乎在这个例子中很适用。我们将会一直寻找对二叠纪末大灭绝来说更简单的解释，这就是科学的本质，但迄今为止仍然显得比较复杂。

在二叠纪期间，昆虫遭受了灾难性的挫折。在讲述古翅类和巨型蜻蜓的悲剧时，很容易忘记这个故事的另外一面。尽管那时所有的种和目都灭亡了，但许多其他种类继续生存了下来，它们充分体现了昆虫的恢复力和适应性。大部分的幸存者是具有创新适应能力的种类，比如进步的新翅类，翅膀可以褶曲或具有完全变态发育的能力。新翅类昆虫具有收回翅膀的功能，这样可以飞得更快，隐藏得更好，从而完全战胜古翅类昆虫。新的取食创新方式如吸食液体的口器，让昆虫成功定居在高地的不同植物上。幼体阶段的演化使它们能入侵到植物组织中，并成功躲避大型捕食者。昆虫证明了它们在面对大陆碰撞、全球环境变化、大范围火山喷发和海洋大规模地球化学变化时是具有恢复能力的。事实上，尽管当它们在志留纪登陆时面临了诸多挑战，但昆虫在二叠纪的成功，证明了征服大陆是一项明智之举。由于蟑螂向三叶虫做出了示范证明，因此如果曾经的好时机不是在海洋的话，那就是在二叠纪末期的时候。

也许，将生命的历史划分为不同的时期是一项冒险之举，但或许只有通过这种方式才能让我们真正找到古生代结束的某一特定时刻。我会选择在最后的三叶虫死亡的那一天。还有其他什么生物比三叶虫更加适合作为整个古生代的象征呢？它们对海洋的统治持续了 3 亿多年，但或许在约 2.52 亿年前的某个多云的早晨，最后一只三叶虫在浅潮池中停止了进食。它的躯体漂浮在水面上，退潮将它与其他三叶虫尸体一同冲到了岸边。那些食腐的黑鸟在哪里？谁目睹了这一事件？那孤独的海岸边没有鸟儿，但却有一些急匆匆的小腿生物，打头的是一只蟑螂，然后是另外一只，它们发现了这些漂浮的尸体并大快朵颐。也许有一只孤独的甲虫，正在附近的木头上整理着自己的触角，它匆匆飞过去侦察情况后，便也来享受这顿美餐了。之后它转过身来，收起翅膀，嗡嗡地飞进了森林。古生代结束了，可以引用诗人艾略特（T.S.Eliot）的话来形容“并非一声巨响，而是一阵呜咽”，昆虫宣称它们就是最后的赢家。但不久后又有一阵新的沙沙声出现在中生代的森林中：第一批拥有巨爪和利齿的恐龙出现了。这些昆虫究竟该如何与它们的新室友相处呢？

7. 三叠纪的复苏

四月是最残酷的月份，紫丁香从死灰之地滋生出来，混杂着回忆与欲望，让春雨挑动着它们呆滞的根。

托马斯 · 斯特恩斯 · 艾略特（T.S. Eliot），《荒原》

要在怀俄明州判断四季比较困难。在六月间，零星的小雨把广袤的草原变成了一望无际的绿野，就像一片汪洋般随风摇曳。在高海拔的高山草甸上遍布着红色、黄色和蓝色的野花，经过了整晚的大雪可能就掩埋在厚厚的雪层之下了。到了七月，夏季的干旱迅速把草地和田野变得干硬，草原和苔原也在随后的 10 个月中变成了金黄色。即便如此，在七月中旬也常会有冰雹来袭，整个地面上都覆盖了一层雪珠。

不幸的是树木并没有帮上什么忙。诸如山杨和白杨这样的落叶乔木，要到五月底六月初才会长叶。而秋天却来得早。第一场严霜在九月中旬就降临了，怀俄明的狂风在十月上旬就把树上的枯叶全都吹落了下来，阔叶树在整整八个月里都没有叶片。如果当树木都光秃秃的，你就认为冬天来了，那么这里的冬季就太长了。

通过下雪来判断这里的冬季也不合适，因为在高海拔地区任何月份都可能会下雪。我们这里最大的暴风雪会在早秋或晚春时降临，在十月或五月间把整个怀俄明州埋没在白色晶莹的雪花之中。如果这些都不够令人困惑的话，那么在冬至时节有可能出现一些最为宜人的气候，总不太寻常了吧？在一月或二月的大多数日子里，总是晴空万里、一片蔚蓝。地上的雪要么被风吹走，要么在空气中变干，因此，漫漫冬季里可能都看不到雪的影子。

任何曾在怀俄明州住过的人，都能够理解艾略特所写的“四月是最残酷的月份”的含义，因为春天的起始是尤其难以判断的。在阳光明媚的日子里，郁金香和水仙迅速发芽，常常会被冻结住埋藏在冰雪之下。除了这些花以外，还有两件事物可以作为春天来临的使者，它们具有特别重大的意义是因为它们让我们想起了2.52亿 -2.01亿年前的三叠纪。首先是传统的一类：知更鸟和其他候鸟的出现。在我密歇根的家中，知更鸟确实是温暖春天来临时非常好的标志。怀俄明则更为残酷：通常这种鸟会傲气地出现，在晚春的暴风雪中，有意躲藏在冰雪呼啸的云杉枝中来保暖。但为何知更鸟还会让我们想起三叠纪呢？

当我还小的时候，鸟就是鸟，而恐龙只是一种大型的爬行动物。但时代变了。我们现在终于知道了叉骨的含义：鸟类是恐龙的直接后裔，所有鸟类中最著名的种类都起源于中生代[①]。恐龙首先是在三叠纪时演化出现的，带羽毛的恐龙和第一批鸟类是在侏罗纪时期出现的；而大型恐龙如暴龙（*Tyrannosaurus*）和三角龙（*Triceratops*）是在白垩纪末期才灭绝的，其中小型具羽毛的种类飞上了天空续写了历史。比起中生代时期，现在有更多的种类活在当下。它们具有羽毛、翅膀、喙，但没有牙齿。我们应该在每个春天看到第一只知更鸟时，就想起远古的恐龙。

但在怀俄明州的候鸟们是难以捉摸的。在某些年份里它们到达得比较晚，而在其他一些年中它们似乎又完全绕开了我们这个地区。因此，我找到了另一个春天的指示者，它是定居性动物，每年都会准时出现：长节叶蜂（*xyelid sawflies*），它们居住在针叶树和柳树沼泽附近的高海拔地区。在早春时节，柳枝恢复了春色，亮黄色、橙色和红色的繁茂小枝与融化在山坡边亮白色的雪堤形成了鲜明的对比。不久后柳芽萌发，开出了大量毛茸茸的二色柳絮。一旦它们开始产生花粉，一些十分微小的昆虫就会赶来收集这些高蛋白的美餐了。它们中就有长节叶蜂，是从土壤中的越冬细胞中萌发出来的，它们通常也是怀俄明山区率先活跃起来的成年昆虫。

长节叶蜂（锯蝇）是一种三叠纪孑遗下来的活化石。它们是膜翅目（Hymenoptera）昆虫中最原始的现生类群，这一谱系现在包括了一些最为成功的昆虫：蜜蜂、蚂蚁、群居蜂和寄生蜂。它们是多么奇怪的一群生物啊！它们触角的基端和下颚须（一个位于上颚下方分节的取食附肢）

① 所有现代鸟类与我们的感恩节火鸡一样，和某种恐龙包括具羽毛类型都具有一个叉骨。这根骨头就是演化生物学家称为共源性状的一个例子，一个独特的共享特征可以提供它们共同祖先的证据。如果你愿意的话，你可以认为它是另一个时间信息。

是腿状的，这让它们的前端看起来似乎有多余的腿肢。它们使用其腿状的口器来收集食物，然后就像数百万年前一样，它们飞向了附近针叶树的顶端。“锯蝇”这一名称是来自于其雌性具有锯齿状的产卵器。通过它，雌性可以进入正在发育的花粉果中并把卵注入营养丰富的植物组织中。当卵孵化后，年幼的长节类幼虫会以植物组织为食，然后坠落到土壤中，最后挖出一个巢室以便在来年春天化蛹前居住。这一习性为古老的叶蜂提供了很大帮助，因为能让它们的幼虫居住在树顶上，这样它们就可以躲避哪怕是雷龙（*brontosaurus*）这样最高大的植食性恐龙了[①]。

打破二叠纪大灭绝的宁静：三叠纪不太寂静的春天

生命历史中还有哪个时期比三叠纪更像春天呢？在灾难性的二叠纪末大灭绝后，生命迎来了重生的机会。那时的陆地比古生代时期更干燥，但三叠纪森林已经被新种类的植物所统治：大部分是松柏类、苏铁类、银杏类和蕨类植物。三叠纪的松柏类，现在能闻名于世是因为它们中的一些倒伏进入了河流，然后被冲到海岸低地并被火山碎屑所掩埋。久而久之，这些树木便矿化为多彩的石英质，成为坐落于美国西南部地区的石化树，尤其是在亚利桑那州的硅化木国家公园中数量众多。

在三叠纪时，还没有开花植物、水果、浆果或青草。但是，随着松柏类植物的广泛分布和古老昆虫种类的消失，三叠纪森林对我们来说

① 虽然 *Apatosaurus* 现在是替代了 *Brontosaurus* 作为雷龙正确的科学名称，但我仍然使用了“*Brontosaurus*”作为其通俗名称，这是因为这个名称更容易被识别和接受。这并不是第一次讨论采用通俗名称作为科学名称这一问题了：你应该听说过鸭嘴状的鸭嘴兽（*Platypus*），但你可能不知道这一名称已经不再标准了；而这一动物现在应该称为“*Orinithorhynchus anatinus*”。

图 7.1 一种长节叶蜂，加利福尼亚短丝棒蜂（*Pleroneura californica*），它是怀俄明州春天来临时的标志，它也是起源于三叠纪时期的一个古老昆虫科的孑遗物种。

变得越来越熟悉：各种水生昆虫，包括蜉蝣、豆娘、石蝇和石蛾在溪流边拍动着翅膀；森林里由于大批新种类的到来而发出各种嗡嗡声，尤其是蟑螂、蟋蟀、飞虱、蝽、草蛉、甲虫、蝎蛉和苍蝇；三叠纪也目睹了一些新型昆虫群落的崛起，其中一些不太常见，而另一些现在则十分常见，比如竹节虫、足丝蚁、蠼螋、鱼蛉、蛇蛉和胡蜂。大批脊椎动物正忙着捕捉这些生物：包括第一批龟类、蝾螈、蛙类，当然最引人注目的还是第一批恐龙的出现。到晚三叠世时，一些恐龙漫步在森林中，包括一些大小如鸟儿的种类，比如跳鳄（*Saltoposuchus*）和原美颌龙

（*Procompsognathus*），还有一些大点的种类如板龙（*Plateosaurus*）。

你们无疑都听到过很多关于恐龙王朝令人印象深刻的故事。它们显然已成为中生代时期占统治地位的大型食草类和食肉类动物，在一亿多年中彻底夺去了哺乳类的光彩[①]。但我想在这个故事中提出一个新视角：恐龙是在完全充斥了昆虫的大型中生代世界中，令人印象深刻的角色。我们很少会听到有人把这两者联系起来，但恐龙必然对昆虫造成了影响，我确信昆虫也反过来影响了恐龙。

人们一直在争论，最早的恐龙究竟长得什么样子？但通俗的见解是南美“兔鳄”，兔鳄（*Lagosuchus*）可能是第一种，或者是可以体现恐龙起源的最早类型。兔鳄当然不是一种兔子或一种鳄鱼，而是一种实实在在的恐龙，它具有恐龙的以下特征：一个长弯刀状指爪，可以向两个方向转动；它们修长、优雅，有一个窄长的鼻子和许多锋利的牙齿，这些跟鳄鱼类似；它们有便于跑跳长有力的后腿，这些跟兔子类似。据估计，它们可以爬树，或许还能从一棵树跳到另一棵树。

根据传统的看法，第一类恐龙是肉食性的捕食者。由于它们具有利于撕咬的锋利牙齿和灵活指爪，我们可以放心地推测兔鳄是食肉的。板龙可以够着低矮的叉枝，用它们的指爪抓住树枝拉低到它们的长脖子处，然后就可以品尝美味的叶片了。是的，血淋淋的鲜肉和碧绿的树叶沙拉，就是恐龙们所渴求和食用的美味了。这就是所有的优秀书籍所告诉我们

---

① 直到白垩纪末期，我们哺乳类的祖先也不过是小小毛茸茸的鼩形食虫动物，在森林落叶层中蹦跳疾跑，躲在木头之下，无疑它们生活在大型捕食性恐龙的持续恐惧之中。这显然在我们的历史中是一段可怕的时期，但美味营养的昆虫一直到白垩纪－古近纪界限时小行星毁灭最后那些巨大险恶的野兽后，都维持着我们哺乳动物的生存需要。但现在发现鸟类也是恐龙的后代，我们不得不承认统治了中生代的恐龙王朝也在现代生活得十分出色。

的。那么它们还会想要些什么呢？

很可能恐龙也是渴望拥有多样化的膳食的。也许，它们有足够的理由通过食用各种各样的小美食，比如可以完全消化而不会出现在恐龙粪化石中的软体昆虫，来改进它们的膳食营养。事实上，所有的现生脊椎动物群落都会大规模食用昆虫。鱼类就是这样，至少淡水鱼类会吃大量的虫子，两栖类、爬行类、鸟类和许多哺乳类也是如此。早期的哺乳类正是食虫性的，早期灵长类尤其是狐猴也是这样。昆虫还是许多人类文化宽泛食谱中的一部分，因为，它们是蛋白质、脂肪、热量、许多矿物质和维他命B的绝佳来源[①]。在所有的主要脊椎动物种系中，我们怎么能仅仅忽略恐龙呢？小型捕食性恐龙及其幼年个体，显然不会对一顿昆虫大餐挑挑拣拣。然而即便是植食性恐龙也肯定会吃很多的虫子，它们要么是偶然碰到，要么就是有意为之。一些恐龙可能偏爱那些带有可口昆虫的植物部分，因为正如沙拉里有肉片一样，它们会比单一的松针叶和苏铁叶提供更多的营养。

让我们来看看现代脊椎动物都喜欢吃什么样的昆虫。通常它们属于以下两类中的一个：相对较大的昆虫，比如肥胖的钻木甲虫幼虫或如虾般大小的毛毛虫，或者是更小的容易大量出现的种类，可能是在特定时段具有超多数量的群居性种类或者是居住在大家庭中的社交性种类。在三叠纪时期，大量肥大多汁的钻木甲虫幼虫，在倒伏的树木中津津有味

① 我们特有的文化并不需要食用很多昆虫，但我们仍然不能避免食用它们。我们大部分人每年要消耗一磅多混杂在碾碎面粉或隐藏在水果蔬菜中的昆虫，一些研究显示我们文化中对食用昆虫的厌恶之感可能源于维生素B的缺乏。一些人会把昆虫完全排除在我们的日常饮食之外，但有一堆原因可以解释为何食品和药品管理局无法（或者不愿意）这么做。首先，要想把所有的昆虫都从植物食物中筛除是根本不可能的；其次，这么做实在没什么好处，因为在大多数情况下，包含昆虫的植物原料事实上可以改善我们食物中的营养价值。

图 7.2 德国巴伐利亚侏罗纪的一枚保存完好的蜻蜓化石，威氏原箭尾蜓（*Protolindenia wittei*）。水生昆虫蜻蜓目（蜻蜓和豆娘）是唯一从二叠纪大灭绝中幸存下来并在中生代繁衍壮大的古翅类昆虫目。（弗兰克·卡朋特 [Frank Carpenter] 拍摄。哈佛大学比较动物学博物馆）

地咀嚼着木材，硕大的蝉在森林植物上畅饮，其他昆虫则在落叶层和泥土中觅食或在植物中钻掘。当然，恐龙拥有眼睛和耳朵，它们可以看见昆虫在表面移动，也能听到昆虫在腐烂的木头中咀嚼木材；而它们灵活的指爪，则是从腐烂木头中挖出幼虫的最完美工具。显然，早期的小型恐龙会捕捉甲虫，正如啄木鸟和长指爪的食虫灵长类一样。另外，即便在三叠纪时还没有出现社交性昆虫，但大量群居性种类也会为首批恐龙提供季节性的盛宴。当它们休息时，只需要用舌头把这些昆虫从树叶上拍打下来。而且，这些最早出现的恐龙显然能够跳起来捕捉到空中飞行的昆虫。同翅类在三叠纪末的属种分异度，比其他的昆虫目都要多而且数量超级庞大，然而，它们也会成为恐龙们一顿可能的美餐。由于具有刺吸式口器，飞虱一般是固定在一处进食的，因此，对恐龙来说，它们是很容易捕捉的。

昆虫的多样性一定也塑造了恐龙的多样性，不仅因为许多小型植食性恐龙很可能是以昆虫作为其蛋白质的主要来源，也是由于食肉性恐龙所取食的小型两栖类、爬行类和哺乳类也多是食虫的。同样的，恐龙很可能也塑造着一些昆虫的演化模式。虽然，远远早于产生生物碱的显花植物出现之前三叠纪就结束了，但古老的物种拥有多样的二次化学防御策略，三叠纪的植食性昆虫可能也拿这些来对付恐龙了。此外，这些昆虫可能也演化出了警戒色，比如亮黄色、橙色和红色，因为拥有化学武器的现代昆虫倾向于演化出这种防御方式，来躲避拥有视觉能力来取食它们的捕食者。其他种类可能会演化出与植物、木头或泥土类似的隐蔽色。而有些会一同遵循完全不同的策略，发展出一种行为躲避机制。显然蜉蝣和蝉会大量同时出现，很可能是为了很好地应对恐龙广泛的捕食行为。最后，三叠纪的昆虫利用了恐龙：出现的食粪甲虫是以恐龙粪便为食的，还有吸血和寄生的昆虫，它们可能是直接在恐龙身上进食的。

恐龙的虫虫世界

一些重要的昆虫目在二叠纪后幸存了下来，其中的 11 个目在三叠纪大量繁盛并繁衍至今：蜉蝣目（蜉蝣）、蜻蜓目（豆娘）、蜚蠊目（蟑螂）、直翅目（蟋蟀）、襀翅目（石蝇）、同翅目（蜡蝉）、脉翅目（草蛉）、鞘翅目（甲虫）、长翅目（蝎蛉）、毛翅目（石蛾）和双翅目（苍蝇）。超过 90% 的晚三叠世昆虫种类属于这 11 个目。此外，三叠纪时还出现了至少 8 个新目。其中的 7 个对我们来说比较熟悉，因为它们仍然生存至今：竹节虫目(竹节虫)、纺足目 Embiodea(足丝蚁)、革翅目 Dermaptera(蠼螋)、半翅目（蝽）、广翅目 Megaloptera（鱼蛉）、蛇蛉目 Raphidioptera（蛇蛉）和膜翅目（胡蜂）。但有一个新出现的昆虫目可能会被普遍地认为是三叠纪中最为突出的，因为它仅仅生活在三叠纪中。这就是昆虫中的巨人，巨翅目（Titanoptera）。

巨翅类昆虫是拥有锋利咀嚼型口器的大型直翅类，它们看起来有点像特大号的纺织娘。它们具有刺状前足可以用来抓捕猎物，并被认为是以其他昆虫为食的。最大的巨翅类翅展可达 36 厘米（一英尺多宽），因此，它们足以捕食小型脊椎动物，如蝾螈和蛙类。雄性前翅上具有大的网状发声器，在交配季节里，它们必须大声歌唱以在森林中呼唤异性并捍卫领地。没有人知道为何巨翅类会在三叠纪后消失，但它们的灭绝恰好与小型恐龙的多样化和第一批鸟类的出现同时发生。所以，或许这些巨翅类太巨大也太嘈杂，以至于无法侥幸躲过那些捕食者。也许，它们是具羽毛的食虫恐龙大量出现后的首批牺牲者。

幽灵般的昆虫竹节虫目，我们平时也称其为棍子虫和叶虫，进化出了一项高度成功的策略来应对森林中大量饥肠辘辘的恐龙：保护色，可以形成各种用以伪装的形式和色彩。其中一些退化了翅膀，形成了如木棍般长而薄的身体，而其他一些种类则演化出如树叶般的绿色翅膀。所有这些昆虫都是以植物组织为食的，它们还多在夜晚进食以进一步躲避

图7.3 厄瓜多尔一只十分隐蔽的竹节虫，它是竹节虫目的一个代表，这个目从三叠纪时期就成功崛起了。（安吉拉·奥克斯纳 [Angela Ochsner] 拍摄）

捕食者。没有演化出保护色的竹节虫类是希望自己看起来更像植物的一部分。当然，保护色是由那些视觉甚佳的捕食者所造成的自然选择的结果：那些形态和颜色最有说服力的竹节虫类幸存下来并得以繁衍生息，而那些颜色欠佳的种类则被更频繁地捕食掉了。值得注意的是，木棍状的昆虫是比鸟类更早在充斥着恐龙的热带森林中演化出来的，或许竹节虫类体型的多样性是部分由恐龙的取食习惯导致的。

如果恐龙们不时斜着眼睛好奇地打量着一只竹节虫，它们显然一定看到过另一种神秘的生物。在晚三叠世期间，白色的丝层开始覆盖在树桩、岩石和落叶上。这些织物是那些神出鬼没的纺足目的杰作，也常被称为足丝蚁。这些充满活力的足丝蚁，演化出自己独特的策略完全是为了对付恐龙。它们拥有很小的身体，却发明了一种全新的产丝方式，用这些丝将它们的世界全都包裹在里面，秘密地躲藏起来，通过咀嚼真菌和腐烂的植物平静地度过了2.2亿年的时光。并不是从其口部或肛门吐丝，足丝蚁是从它们行走的前腿上的丝腺中产生丝的。由于这一不寻常的习性，我想指出的是：它们就是最像蜘蛛侠的昆虫，它们是唯一一种像彼得·帕克（Peter Parker）一样从“腕关节”产生丝的昆虫。真见鬼，即便是蜘蛛也不能这样做啊！蜘蛛侠真应该被叫作“足丝蚁”或“纺足人”（Embiidman）。

在落叶层中急跑，尾部末端具有一长螯状结构的蠼螋也赶上了足丝蚁的步伐。这些就是拥有皮革状翅膀的革翅目（Dermaptera）昆虫，关于它们名称的起源还不太明确。传说在中世纪时，蠼螋在人们熟睡时会爬进他们的耳朵或假发中。事实可能也确实如此，因为蠼螋是夜行性的食腐动物，大多以腐烂的植物为食，然后在清晨时分会寻找一个阴暗的藏身之地。这些小昆虫十分恼人以至于我推测即便是恐龙也肯定不喜欢它。

我想在这些三叠纪的小型恐龙生命中的某个早晨，应该是这样开始的：在一夜酣睡之后，当阳光斜射入浓密的苏铁类和蕨类森林并赶走了那些蠼螋时，它们早早地就醒来了。在迅速环顾了四周后，或许在小跑到附近的溪流畅饮了一番清凉的泉水后，它们便开始了新的一天。然后，大约在吃了几只溪流边植物上新蜕壳的水生昆虫后，它们便开始搜寻并撕开水边腐烂倒伏的树木，来寻找其中美味的甲虫幼虫。虽然有足够的幼虫来满足它们的大胃口，但在晚三叠世的某一时刻，恐龙开始面对另一种在泥浆状河床原木中生活的新型昆虫的蛹，这些硕大而美味的蛹并不容易得到，因为它们会反咬一口。这些鱼蛉的蛹很引人瞩目，是因为它们是唯一拥有功能性上颚的蛹，因此，它们可以通过这个武器来保护自己。当成年鱼蛉从它的蛹壳中蜕皮出来时，它就拥有了很大的翅膀。因此，它的科学名称广翅目的意思就是大翅膀的昆虫。

图 7.4 产自泰国的足丝蚁（*Eosembia auripecta*）（足丝蚁科）是三叠纪时期演化出来的一类成功但隐秘的与小型恐龙共处的昆虫。这只微小的雌性个体只有 1.8 厘米长。（贾尼斯·迪格瑞鲁克斯 [Janice Edgerly-Rooks] 拍摄）

但翅膀并不是鱼蛉最突出的特征。即便是在一只年幼的恐龙眼中，最突出的也肯定是雄性鱼蛉的上颚。因为，它们的颚部很长呈镰刀状，长得就像长毛象的长牙。奇怪的是，雄性鱼蛉很少用它们来进行防御，而是常常用来在求偶和交配时抓住雌性，以及在遭遇同性竞争对手时捍卫自己的领地；反而是雌性可以用它们更短的颚部，传递出惊人的力量和噬心之痛的叮咬。在交配完成后，雌性鱼蛉会把卵产在倒伏的树木或悬浮在流水之上的其他物体的底面，当卵孵化后，她年幼的宝宝就可以直接进入水中了。幼虫会积极捕食其他水生昆虫以及小型鱼类和两栖类。当它们成长为大型幼虫时就称为鱼蛉幼虫（hellgrammites），它也获得了让人疼痛不已的嗜咬能力。除了一些胡蜂的叮蜇和蚂蚁的撕咬之外，鱼蛉幼虫的嗜咬恐怕是昆虫中最令人痛苦的经历了。因为我也曾被咬过，所以我猜想当鱼蛉幼虫爬出水面寻找蛹壳时，那些正在觅食的恐龙会望而生畏而学会避开它们。

真正的虫子不喜欢吃乳蛋饼

当恐龙在河床边喝早茶时，它们可能也会停下来观察一些微小的昆虫，这些昆虫正沿着水边潮湿的沙滩活动。恐龙们可能不会费心去吃掉这些太小的昆虫，但我估计它们可能会后悔没有在三叠纪时就把它们干掉。第一种是半翅目昆虫，即昆虫学家将之称为“蝽”的类群，不久便繁衍出床虱、猎蝽和巨型水蝽等种类。所有这些虫子在中生代结束之前，都可能会叮咬恐龙。在各种昆虫中，我们对蝽会更为熟悉，因为椿象、盲蝽和长蝽等都拥有令人印象深刻的味道，但这些种类都出现得较晚。

半翅目昆虫，首先是以半水生捕食者和海滩拾荒者的身份出现的。与它们最为接近的表亲，植食性的飞虱一样，蝽也是食流质的，具有刺吸式口器。然而与其表亲的喙不同，蝽的喙是在脸的前方，而且更长更灵活；通过它，蝽开始从其他倒霉的昆虫体内吸食血液。蝽有一个幸运的开端，因为，几乎没有什么昆虫类群占据过比它们更多样的新栖息地。从河床到水体表面，然后再到水中成为完全的水生捕食者。然而，它们中的少数还成为绿藻和浮游生物的腐食者。

中生代晚期，水黾学会了有效地在水面上行走。它们是唯一退回下游，又重新居住在开阔海洋的昆虫。其他蝽类从水边重新回到森林居住，当一些种类成为其近亲飞虱旁边的植物专食者之后，其他的种类如猎蝽则变成了森林中其他昆虫的残暴捕食者。其中的一些猎蝽是以小型哺乳类的血液为食的，所以，如果有机会的话，它们显然也会去叮咬一只恐龙。

回到森林针叶树的顶端，蛇蛉就出现了（蛇蛉目昆虫）。我想下方的恐龙并不会注意到隐居在树梢上的这些小昆虫：它们可能只会忙自己的事，完全置身于恐龙的视线之外。人们也通常不会看见蛇蛉，因为它们在全世界范围内都很稀少，但说来也奇怪，它们是另一种存活至今的三叠纪昆虫，并在怀俄明一带很常见。我们之所以称它们为蛇蛉是因为成虫的脖子很长，而且是以其他昆虫为食的，当它们进行攻击时会像蛇一样用头向前击打。现代蛇蛉完全是以同翅类昆虫如蚜虫为食的，它们三叠纪的祖先可能也是如此，在树顶上来回移动并随时准备残杀毫无防备的飞虱。雌性具一个长而弯曲的尾状产卵器，通过它可以将卵产在植物表面，之后幼虫会孵化出来并像成虫一样进食。蛇蛉的长脖子与产卵器之间的侧面轮廓看起来更像雷龙而不是蛇。再根据它们当初的进化背景，或许我们应该称它们为雷龙蛉，因为在整个侏罗纪时期，当怀俄明州还是热带森林海岸低地时，蛇蛉是在雷龙身旁的树顶上觅食的。

第一类膜翅目昆虫，长节叶蜂也是在三叠纪树顶上演化出现的。我在本章开始的时候提到它并不只是因为它们是春天来临时的明确信号，而是因为在所有的三叠纪昆虫中，它们崛起成为拥有数百万个种的庞大王朝。“膜翅目”的意思是“薄膜状翅膀”，但关于这个名称还有另一个传说：在希腊神话中，海默诺斯（Hymenos）是婚姻之神。有些人认为膜翅目的名称，来源于膜翅类翅膀在飞行中有一排称为翅钩的连接或合并结构。这些翅膀十分有用，因为它们可以让叶蜂将它们的蛹壳运送到树顶上。但它们锯齿状的产卵器也十分有用，因为这让叶蜂可以把它们的幼虫放入植物组织的深处，以此来抵御仅在植物表面捕食的蛇蛉的攻击。

那些在枝头飞来飞去的古老叶蜂，最终演化出了多种多样的社会性昆虫：蜜蜂、蚂蚁和群居蜂以及回巢供食蜂（nest-provisioning stinging wasps）和一组非凡的寄生蜂①。从长远来看，在胡蜂王朝的崛起中，产卵器比翅膀更为重要。许多现代胡蜂的翅膀已经退化了，但产卵器却有了更多的用途：把卵产在植物组织中，其他昆虫身上或是体内。或许最为有意义的是，产卵器已经变成了一个刺针，既可以用来麻痹猎物又可以用来抵御捕食者。它的外形显然已经与三叠纪时大大不同，但直到白垩纪时叶蜂那小小的匕首，已经转变为充填了毒液的注射器，甚至完全可以给巨大凶猛的恐龙施加痛苦。

① 我将在接下来的一个章节中大量谈论胡蜂的多样性。而现在，告诉你们胡蜂是昆虫中超级多样的类群之一就足够了，它的种类多样性或许可以与甲虫相比拟，而胡蜂中最为多样的谱系演化出了寄生行为方式。

也许叶蜂和胡蜂最为独到之处是无法从外表看出来的：每一个个体的性别是由卵细胞是否受精决定的。一个未受精的卵会发育为雄性个体，而受精成功的卵总是会发育为雌性个体。当胡蜂交配时，雄性会把精子传送到雌性的精子储存器官纳精囊中，并长时间可见。受精作用不会在交配期间发生，而是在雌性产卵时发生，这使得她可以为她的每一个后代选择性别。生态学家认为，这可以让雌蜂评估可获得食物的质量和选择性放置卵的最佳时机。另外，当雄性稀少时，雌性产的卵只会发育为雄性，这是使这些昆虫在高度分散种群中存活的一项十分有效的手段。这一奇特的性别决定方式，可能也深刻影响了胡蜂、蚂蚁和蜜蜂的社会性行为演化。说来也奇怪，这产生了一个特别的局面，姐妹之间的关系比母女之间更为紧密。比如一只工蜂或工蚁，事实上是通过帮助王后（它的母亲）养育更多王后的后代而不是自己直接繁育后代，从而把自己更多的基因传递给下一代的。

两个最大的胡蜂科，姬蜂科（Ichneumonidae）和茧蜂科（Braconidae），其中任何一个科所包含的种数都比所有脊椎动物的总和还要多。在热带地区，社会性昆虫超过了脊椎动物的总生物量。在大多数植食性昆虫类群中，胡蜂是关键的捕食者和寄生者，因而它们深刻影响了森林植物种类的多样性和丰富度。从生态学的观点来看，胡蜂也是重要的植食动物、种子和花粉的传播者以及营养物质的回收者。它们或许并没有得到它们应有的舆论好评，但胡蜂撰写了三叠纪时期最为成功的故事，甚至比恐龙的还要成功。

约 2.01 亿年前的晚三叠世时期，对于在落叶层中到处拱蹭寻找食物的哺乳动物来说是一个艰难的时期。但这对恐龙来说却是一个黄金时段，对虫虫们来说也是一个辉煌的时段。可能要在三叠纪森林中判断出一只恐龙的种类是比较困难的，这正如要从现代热带森林中辨别出一只大型脊椎动物的种类一样困难，但这些地区已经是充满了各种昆虫。当海岸线充斥着各种水生昆虫时，落叶层中也已经爬着从蛀虫到甲虫等各式各样的昆虫了。植物仍然以松柏类、苏铁类、蕨类和银杏类为主，无数种直翅类昆虫、蓟马、飞虱和一些原始的飞蛾和叶蜂在这些植物上咀嚼或吸食。所有以上的昆虫，都受到了大量捕食性昆虫的攻击，包括巨翅类、草蛉、蝎蛉和蛇蛉。

每当傍晚时分太阳下山时，巨翅类所发出如男中音般的锉磨声就是森林中最嘈杂的声音。但在干燥的落叶层之下，小型恐龙已经窸窸窣窣地准备进入梦乡。其中一些恐龙开始抚弄它们的羽毛，这些羽毛是用来在漫长寒冷的夜晚取暖而演化出来的。在 1.5 亿年中，脊椎动物首次可以准备随时去追逐空中的昆虫了。侏罗纪就要来了，巨翅类的歌声即将被鸟鸣声所取代。

8. 侏罗纪的饕餮大餐

怀俄明州的日出时分总会引发我们美妙的幻想。

罗伯特·巴克（Robert T. Bakker），《恐龙的异端》（*The Dinosaur Heresies*）

在一个阳光明媚的冬晨，当我写着这些文字的时候，我正在思考两件事情：一个谜题和窗外的风景。乍一看两者似乎完全不相干，但事实上并非如此。实际上，窗外的风景首先引发我去思索这个谜题，你会看到两者都被编织进了 2.01 亿 -1.45 亿年前侏罗纪时期的故事中：那时昆虫和恐龙出现了空前的多样化，鸟类首次出现，而脊椎动物最后也追逐着昆虫飞上了天空。

首先，谜题是：昆虫学家已经描述并命名的最大生物是什么？一名昆虫学家就是一个刚好研究昆虫的生物学家（像我这样）。更确切地说，我是调查昆虫的演化和分类并涉及发现、描述和命名新物种，即称为系统昆虫学的一个学科分支。我所命名的最大种类昆虫是产自巴布亚新几内亚的一种巨蜂类，从产卵器开始算，体长略小于60毫米。我命名的大部分新种一般只有几毫米长。当你在思索我的谜题时，请记住我们虫虫猎人一般发现的都是很小的生物。那么，现在我要开始描绘窗外的景色了。

怀俄明昆虫博物馆位于校舍的第四层上，拥有面向北方的宽敞窗户。每一天他们都提供超越拉勒米市北界的全景图。城市之上其实有着特别的趣味：乍一看似乎什么都没有。拉勒米山谷是一片荒芜的矮草草原，地势开阔，大风侵袭，荒芜贫瘠，而且似乎很不利于生存；数公里看去都是一望无际，地平线虽然看起来很遥远，但却是鲜明清晰的。空气中寒风凛冽，黄褐色的草地在阳光下一片灿烂，与怀俄明湛蓝色的天空形成了鲜明的对比。一路向西北边界望去，很容易想象你可以看穿它，清楚地看到科摩崖（Como Bluff）、绵羊溪（Sheep Creek）和梅迪辛博镇（Medicine Bow）。那也是我们故事延续的地方，因为一百多年前在绵羊溪附近，一种不寻常的大型生物被发现了，这种生物正是我们如今谜题的对象。这一特殊的动物，究竟是如何在拉勒米北部受大风侵袭的盆地中演化产生的呢?

对于这一谜团，你会如何反应可能首先取决于你如何定义“大”这个词。如果你的意思是重或者巨大，那么，中非的成年巨大花潜金龟和幼年的南美巨大犀金龟（*Hercules beetle*）将会是最大的[①]。如果你是通

① 巨大花潜金龟成年个体可能是迄今为止存活的最重昆虫，但我们仅最近发现的一些南美独角仙的未成熟个体甚至比它还更重一些。其中一种长戟大兜虫（*Hercules beetle*）的幼虫，已知重达120克。很多昆虫并不是在成年时期，而是在它们幼年的最晚期达到其体重的巅峰，即在将化蛹前；因为大型热带甲虫的未成熟个体是深钻在木头中进食的，所以，很有可能我们还无法判断最重的现生昆虫是哪个。

图 8.1 南美巨大犀金龟（长戟大兜虫 *Dynastes hercules*）是最大的犀金龟甲虫。这是一只产自厄瓜多尔的巨大雄性个体，大约有 7 英寸（约 18 厘米）长，它们的幼虫也是昆虫中已知最重的种类。（安吉拉·奥克斯那 Angela Ochsner 拍摄）

过体长来衡量的话，那么，你可能会选择澳大利亚的泰坦竹节虫（巨型顶叶虫 *Acrophylla titan*），它可以长到 10 英寸（约 25 厘米）长并具有同样长度的翅展。虽然比其他现生昆虫包括巨大花潜金龟和巨大犀金龟都要长，但一只泰坦竹节虫却没有它们那么重。为了让事情更加复杂化，你还可能从另一个角度来衡量尺寸：即宽度。印度的巨型阿拉特斯蛾（乌桕大蚕蛾 *Attacus atlas*）的翅展从一个翅尖到另一翅尖有近 12 英寸（约 30 厘米）。中北美的大型夜蛾（季诺碧亚夜蛾 *Thysania zenobia*）有时翅展可以超过阿拉特斯蛾，但其翅膀的总面积略小于后者。所有这些昆虫都以自己独特的方式而显得格外巨大，但它们都是热带动物，在怀俄明州附近都不可能找到。

你们多数人应该还记得我们前面关于石炭纪和二叠纪巨型昆虫的讨论吧？你们应该已经认识到，我谜题的答案不仅要考虑现生生物还要考虑化石类群吧！那么是不是二叠纪最大型的昆虫，近 3 英尺（约 91 厘米）长的巨型蜻蜓呢？其中一种大型种类在离我家更近的堪萨斯州和奥克拉荷马州的二叠纪岩层中被发现了。但很可惜，我心中的生物要更大些，要比巨型蜻蜓还要大好几个数量级。我想，现在应该是揭示这个至关重要答案的最佳时刻了。我从未说过这个生物就是一只昆虫，只不过是一个昆虫学家给它命的名。国际动物命名法规中没有一条规定了只有昆虫学家才能给一只昆虫命名吧？或者一个昆虫学家就不能描述其他动物类群中的生物了。近年来昆虫学者很少会做除发现新昆虫以外的事情了，但是，过去生物学家的研究领域遍及了各种生物类群。从前在匹兹堡（Pittsburgh）有一个著名的昆虫学家威廉·雅各布·霍兰德（William Jacob Holland），他给一只产自怀俄明州的恐龙命名为海氏梁龙（*Diplodocus hayi*）。这种恐龙不仅是昆虫学家所命名过的最大生物，而且也是有史以来最大的陆地生物①。

长颈剪切机和长脖子的撕咬机

对大多数人来说，梁龙和它们最有名的表亲雷龙都是侏罗纪恐龙中最典型的代表：小头，长脖子，巨大的体型以及长鞭状的尾巴。当我还很小的时候，当时流行的观点是它们都生活在沼泽中，但我们现在知道它们是什么了：是迄今为止最重的陆地生物。如果要说有什么不同的话，那就是它们会避开沼泽地生活。它们快速穿过侏罗纪的热带森林，抬起了后腿，伸长了它们弯曲的脖子，到高大的树木上去搜寻一日三餐。一头完全成年的雷龙（现在准确的科学名称为 *Apatosaurus*）从头到脚的长

---

① 霍兰德对于这一新种恐龙的描述包含在关于其头部特征的一篇长论文中：霍兰德（W.J.Holland），《梁龙的头骨》，《卡内基博物馆研究报告》9（1927）：379–403. 虽然 1900–1931 年霍兰德发表了 55 篇有关两种已经命名描述的恐龙新种，但他却是以其昆虫学的研究而更为出名的。在他的整个职业生涯中，发表了约 500 篇科学论文，大部分都是关于昆虫的。他最为著名的研究显然是《蝴蝶大百科专著》（*The Butterfly Book*），出版于 1898 年，以及《飞蛾大百科专著》（*The Moth Book*），出版于 1903 年。在那个时期，再也没有其他书籍在介绍大众学习蝴蝶和飞蛾知识方面能如此有影响力了。

度可达 75 英尺（约 23 米），体重可能达到 25 吨之多。为了维持健康的体重，雷龙每天不得不吃掉大量的植物，据估算，每天可达一吨。这些估算还没有考虑微量食物，比如昆虫。与其他大型食草动物一样，雷龙会选择食用最幼嫩的植物，新叶中含有更多的营养和更少的有毒化学物质，当然这些植物也会吸引植食性昆虫的注意。雷龙每天在它们的植物沙拉中可能要吃掉好几磅昆虫，它们也就是随意地拿这些生物垫垫肚子罢了。据我们所知，它们可能会觉得昆虫滋生的叶片是特别美味的，并把它们所能找到的全部吃掉。当然，一磅混着几颗昆虫维他命药片的植物沙拉，是一顿需要慢慢消化的大餐。与森林植物一起，雷龙还时不时地会吞咽一些大而光滑的石头。这些胃石在它们巨大的肠胃中翻滚，与强大的消化酶一同帮助它们尽快消化掉过多的食物。每天仅要几块石头，但却是十分有益的：雷龙只有少咀嚼，才能花更多的时间把嫩叶拉扯下来并吞咽下去。这些磨光的石头，仍然散落在科摩崖和绵羊溪附近大风肆虐的平原上，无言地见证了曾经在地球森林中漫步的那些庞大进食机器所拥有饮食上的超凡技能。

请允许我再复述一下最后一点：雷龙和梁龙是迄今为止在林地漫游的最笨重的动物，但侏罗纪时期还出现了更为令人印象深刻的捕食者。你可能已经看过电影《侏罗纪公园》或它的续集。影片花了很大功夫来改进公众对恐龙的印象，它们应该是温血的、迅速的，还可能具有高智商，但却不幸地造成了人们对侏罗纪时生活情景的误解，其中最突出的是与大型食肉恐龙有关的。尽管出现在了电影中，但侏罗纪时并没有暴龙和迅猛龙。当然，这些动物确实存在过，但它们是生活在晚白垩世，即侏罗纪之后的几千万年里。虽然它们出现在差不多的时段里，但暴龙和迅猛龙可能完全无法彼此遭遇，因为它们生活在世界的不同区域：暴龙生活在北美西部，而迅猛龙生活于蒙古地区。当迅猛龙可能已经拥有大脑袋和成群猎食的能力时，然而，实际上它们远非这么耸人听闻：化石证据显示它们的大小仅有电影中描绘的 1/4。一只成年的暴龙能够安然无恙地踩死一只迅猛龙，而且，如果它们真的碰到了一起的话，迅猛龙可能会迅速向另一个方向逃跑[①]。

对侏罗纪时期的这一混淆是完全没有必要的。事实上，如同任何一只暴龙或迅猛龙一样，一只侏罗纪的捕食者也十分凶猛和令人印象深刻：比如异特龙（*Allosaurus*）。一些古生物学家推测异特龙可能是食腐动物，让我们给予它们一些它们应得的肯定吧！成年个体可以达到 27–40 英尺（8–12 米）长，并重达 1–2 吨。它们具有锋利尖锐的牙爪和巨大的分离颌部，可以像蛇一样吞食大型猎物，一次可以吞下约 100 磅肉。它们并不需要拥有像那些食腐动物一样的牙齿和爪子。虽然异特龙可能长得没有暴龙那么大，但是它们所猎捕的动物比任何暴龙或迅猛龙碰到过的都要大。它们是北美地区晚侏罗世时期最为繁盛的大型捕食性恐龙，而同一化石层丰富的异特龙骨骼化石表明，与迅猛龙一样，它们也是群居性的，并喜好成群捕猎。

让我们来想象一下真实的侏罗纪公园：在一个河谷附近密布着各种蕨类和苏铁类植物，一群雷龙正在安详地吃着针叶林中高大树枝上的叶片。突然，浓密阴暗的灌木丛中蹿出一群咆哮的异特龙，场面瞬间混乱不堪。占统治地位的雄性雷龙迅速开始保卫自己的族群，敏捷地挥动着

① 然而在这本书和电影出现之后，发现于犹他州的犹他盗龙（*Utahraptor*）就与电影中所刻画的迅猛龙尺寸差不多。

它巨大的尾巴，将一只幼年异特龙用力摔到30英尺（约9米）远的蕨类丛中，怒吼地发出警报声。一头巨型雷龙蹒跚地走向右侧，抬起后背，然后冲着一只正面而来的异特龙向前用力一踩，此时异特龙发出了痛苦的尖叫声，因为雷龙已经将这只异特龙最大的右脚趾踩得粉碎。雄龙还想再次把它踢出去，但却失败了，受伤的异特龙依靠着它的左腿，一瘸一拐地仓促撤退。然而在混乱的时刻也造成了伤害，一头年幼的雷龙，与族群分开了，发出了高声尖叫，此时一只经验丰富的猎手，雌性异特龙首领从后方插进来并从右侧撕扯下一大块50磅重的鲜肉。当雄性雷龙将它的族群引领到上游半公里远相对安全的多蕨溪谷处时，异特龙群也撤退到森林中来舔舐它们的伤口。重伤的年幼雷龙由于失血过多而举步维艰，最终还是瘫倒在了地上。异特龙虽然断了3根肋骨和一个脚趾，但它们今天还是胜利了，在它们恢复元气之前，已经获得了足够整个族群食用一个月的肉[①]。

微小但强有力的侏罗纪公园杀手

如果说人们不赞美恐龙就无法很好地看待侏罗纪时期的话，此时，我确实是别有用心才提出它们，是为了将这些巨型食物与一些枯木中的小点心进行对比，就是腐烂木头中的甲虫幼虫，确切地说，它们是供树

---

① 最后，我们并不肯定异特龙是否会成群捕猎，但我们知道它们是食肉的，而且是一个危险的杀手。在怀俄明大学地质博物馆中，陈列了一具迄今为止最为完整的幼年异特龙骨架模型。我们把它亲切地称为大个子艾尔（Al），这具骨架如此引人注目并非仅仅因为其完整性，而更多是因为一些骨骼的瑕疵。一些肋骨和一只脚上具有瘤状结节明白显示了旧伤口的愈合现象。异特龙们需要艰难觅食，所以，在这一过程中留下了严重的损伤。

蜂食用的。引人注目的是 1.8 亿年前，这些小昆虫的晚餐变得比那些异特龙的巨型食物更为重要，而这些异特龙正享受着地球上迄今为止最为盛大的捕食与被捕食游戏。为了便于理解这点，我们需要将异特龙与树蜂的后代和命运进行比较。

虽然拥有辉煌壮丽的过往，但异特龙还是逐渐消失了。它们可能是白垩纪暴龙和迅猛龙的祖先，但即便是这些恐龙也开始逐渐衰败，食肉性兽脚类恐龙在 6500 万年前就完全走向了灭亡。如此大型的捕食者都没有能力永远存活下去，但更重要的是，它们生态栖息地的需求是很巨大的，陆地生态系统只能在同一时间支持少量这样巨大的捕食者。它们也就不可能演化出数百或数千个后裔种类。

通过对照，让我们来认真思索一下侏罗纪树蜂的历史吧！在早侏罗世的某时，一群反叛的年轻树蜂拒绝了它们祖先的素食习惯决定开始吃甲虫幼虫。因而从此时起，寄生膜翅类昆虫的时代开启了。随着时光的流逝，这些肉食性胡蜂发生了多元化和专一化改变，它们一直以森林中演化而来的大量昆虫为食。到侏罗纪末期，这些寄生性胡蜂已经达到几百种之多，再到晚白垩纪时则上升到几千种，而到了如今已经有几十万种，甚至可能是几百万个后裔种类了[①]。

我们对于什么是捕食者都有十分良好的直观了解：具有攻击性的动物，诸如奇虾、蝎子、巨型蜻蜓、大背鳍爬行动物、暴龙和螳螂，可以追踪并捕食其他动物（猎物）。这些都很容易掌握，但这里还有一个容

① 我们并不知道现存胡蜂种类的确切数字，但肯定是十分巨大的。原因仅仅是它们大多很微小，不易发现，也未命名。膜翅类昆虫学家是研究胡蜂的昆虫学家，已经命名了 1 万多个物种，他们大多认为应该有几百万个。他们中的许多人都认为微型寄生蜂的种类可以与超级多样的甲虫相比拟。一些人（包括我）认为胡蜂的多样性，实际上可能超过了甲虫的种类。

易忽视的精妙之处：捕食者需要大量猎物而且必须不断捕食才能生存下去。这一原则对数亿年中的数千种生物都很适用，但在早侏罗世时，树蜂突破了这一模式而发明了一个全新的捕食行为，即它们仅仅杀死并吃掉一个动物个体（称为寄主），这已经足够它们一直食用到成年期。

虽然术语“寄生”可以宽泛地应用于大量不相关的昆虫中，比如虱子、跳蚤、某些蝇类和寄生蜂，所有这些昆虫都是以牺牲另一个动物个体为代价而生存下去的，寄生蜂与虱子和跳蚤还有些不同，因为它们是完全以寄主为食的，最终将会杀死寄主。这一致命的行为在生态学层面上很重要，所以，我们会使用另一个术语来描述生物的这一行为：拟寄生（parasitoid）。拟寄生生物也是寄生生物，通常是胡蜂或蝇类，它们会造成寄主的死亡。侏罗纪的拟寄生昆虫不仅仅是找到了一种新的高蛋白食物，而且与其他任何早期的捕食性动物相比，它们通过更为缩小自身的生态栖息地，从而使其后代能够在大量从未被占据的微型栖息地中生活。从那时起，拟寄生昆虫就开始主导了陆地生物群落，通过选择性的谋杀行为，它们塑造了昆虫和植物群落的种类和数量。拟寄生动物绝大多数成功的谱系，都是从侏罗纪树蜂那里继承而来，这一科学推断已经是不争的事实。从一些独立的证据，诸如现生胡蜂的解剖学特征、它们取食行为的生态学特点、中生代胡蜂的化石信息以及现代胡蜂的 DNA 证据，都可以广泛支持这一事实。然而为什么树蜂还要特别演化出寄生类型呢?

根据上一章我们介绍长节叶蜂的部分接着讨论是一个很好的点子。在晚三叠世和早侏罗世时期，叶蜂通过形成无数植食性的叶蜂氏族而成为最为成功的森林昆虫。当新的植物种类出现后，叶蜂就会成功占领它们，而新的叶蜂种类也会与森林植物群落一同演化出现。叶蜂还会把植物再次划分为若干取食地。一些在叶片外部取食，而另一些则学会在植物组织中挖掘隧道，或躲在被丝缚在一起的叶片中进食来隐藏自己。当叶蜂适应了在不同植物上取食时，其他昆虫也做到了这点。因而，对所有可食用植物部分的竞争增多了，而胡蜂也开始进一步改变自身的饮食习惯。一些种类发生了特化而钻进了植物茎干，而另一些种类最终深入到厚厚的木质组织中，演化为了木蜂。它们这一努力的成功，是由同样促进了第一批叶蜂繁衍的有利工具推动的，那就是雌性产卵器。

蜇刺的故事

我们倾向于认为毒刺或刺针是由胡蜂的产卵器演化而来，就像皮下注射针适合于注射卵子一样。这似乎就是一种简单的结构，然而事实上这一结构要复杂得多。如果你将一只胡蜂的产卵器沿横截面切开并在显微镜下观察时，你就会发现这并不是一根针管，而是由 3–4 个独立的轴杆咬合而成的，每一个都可以独立于其他几个进行运动[①]。这使得产卵器的尖端可以钻入坚硬的物质中，比如植物茎干和木质组织，而且方向精准。为了更好地理解这一点，让我们尝试下面的练习：将两手扣紧在一起，手指相交紧紧包裹住指关节。现在伸出每只手前两个手指，并确保这四个手指都伸直了，这就是胡蜂产卵器的样子。看一看你手指的末端处，你会发现中间有一个小小的空间，这就像胡蜂产卵的通道。现在试着移

① 膜翅类的产卵器最初是由 4 根轴杆组成的，然而在大多数现生胡蜂中上面的两根融合形成了反转的 U 形上部瓣膜。例外情况包括一些叶蜂的产卵器尖端分成了 4 根轴杆，这可能是原始类型的残留现象，一些蛇状姬蜂科的上轴杆不是在尖端分叉的（这被认为是二次演化的类型）。在多数现代胡蜂中存在 3 个灵活的轴杆：一个较宽的上轴杆和两个较窄的下轴杆。

动几根你已经伸直的手指，其他手指要保持不动。例如，试着将你的右手指向下滑动并保持左侧手指不动。你将会看到由左侧手指形成的尖端向右侧偏转，即便它们并没有被弯曲。这就是雌蜂如何能够控制它们产卵器尖端的方向，通过分别或同时收回 4 个轴杆，它能够精准地以各种方向移动其尖端。

卵子的传送是采用皮下注射的方式进行的，要通过一条极细的管状通道需要演化出具有高柔韧性的微型卵子，当被迫通过这条细管道时，卵子会从卵圆形被扭曲为长、瘦的香肠形。但更重要的是，蜂卵需要有一条把它们运输到产卵器的途径。倘若这样的话，这一途径就是液压：产卵器就是一只皮下注射器，通过它，蜂卵可以正确地注射进去。因此，从一开始，胡蜂的产卵器就是与各种各样的缔合液体一同演化的。这些液体首先从雌性生殖腺体中产生，不仅为产卵器的轴杆内部提供了润滑作用,而且也为物理运输卵子提供了液压。它们也引发了蜂毒的早期演化。

从叶蜂到木蜂再到寄生蜂，这些毒液的多样化是为了完成我们至今仍然可见的一系列有用的功能。一些叶蜂沿着卵的周围向植物组织注射毒液，这些毒液会导致植物细胞的异常发育，从而导致瘿的生长。这些植物为卵的发育形成了保护点，以及安全区和供幼虫食用的营养组织。在其他情况下，注射进的毒液可能是具有抗菌性的，可以保护卵免于微生物生长而产生的破坏。树蜂黏稠的毒液是为了适应真菌的生长。正如我在前面章节里所提到的，木材含有大量无营养的木质素和纤维素，对昆虫来说是最难消化的植物部分。因此，正如它们之前的钻木甲虫一样，树蜂偏向于食用腐烂木头里生长的真菌。

未成熟的木蜂有时会撞上各种多汁的钻木甲虫幼虫，它们必然比腐

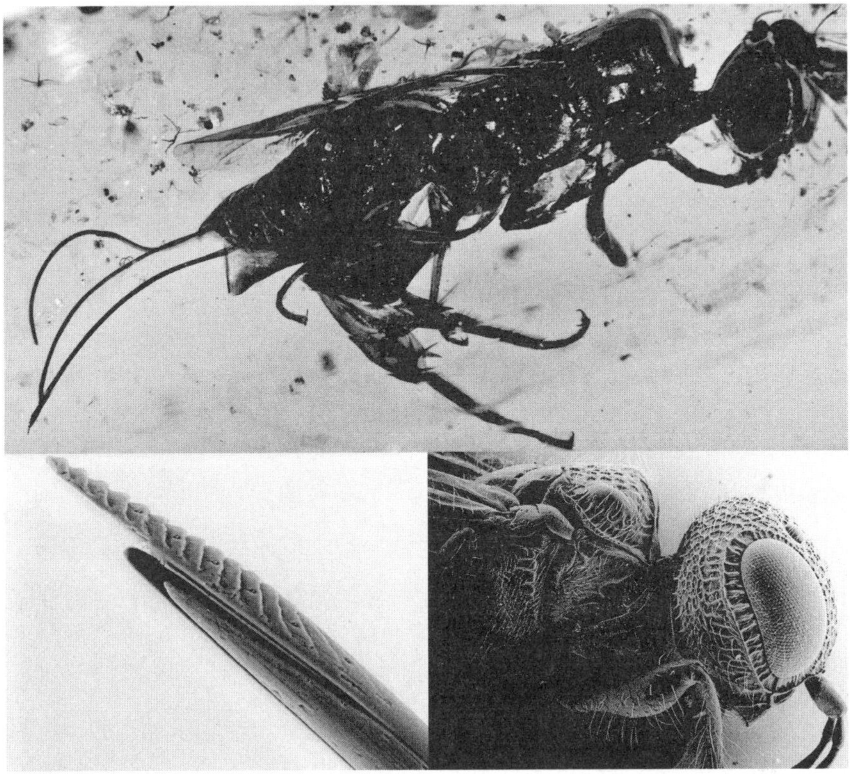

图 8.2 巨蜂类胡蜂（膜翅目，巨蜂科）是寄生蜂中最古老的现生例子；这个科被认为是在侏罗纪时期演化出现的。上图：一只未描述已灭绝的雌性巨翅类，产自缅甸中白垩纪琥珀中，具有一长的产卵器，估计距今 9900 万年。（文森特·佩林乔特 [Vincent Perrichot] 拍摄） 下图：产自马达加斯加的一只未描述的现代迪纳坡姬蜂（*Dinapsis*）的头（右图）和产卵器（左图），这是这一类稀少的古老胡蜂群落的现生代表。

木和真菌更加美味营养。如果考虑到在树上的日常生活里，动物与真菌的关系比我们与植物的关系更为接近，那么从咀嚼真菌一下跳到咀嚼其他昆虫的肉，这样的变化看起来也就没有这么大了。换句话说，相比植物的叶片，动物组织会更像蘑菇组织的味道。从营养学和生理学角度来说，这一转变并不是那么巨大。

或许更具有挑战性的是涉及从植食性向肉食性生活方式转变的重要

行为变化。木蜂在腐木中咀嚼真菌，并不需要抵挡真菌的反抗。然而，甲虫幼虫并不是完全没有抵抗力的，它们可以在穴道中左右摆动，当受到攻击时，它们也会和胡蜂一样进行叮咬。此外，木蜂正在发育的卵是无法抵抗甲虫幼虫的咀嚼型口器的。显然木蜂需要一个秘密武器来为它们扭转局势。

成年胡蜂而非它们的幼虫，开发出一项技巧能够给予它们明显的优势，雌性的产卵器在这里再次变得关系重大。大约与一些木蜂幼虫对肉食产生兴趣的同时，某些它们的母亲也在改善产卵技巧并提炼新型毒液。这些母蜂会敏捷地钻进大型甲虫幼虫进食的管道中，然后，把它们的产卵器直接刺进这些幼虫体内，并注射能导致它们永久瘫痪的新型毒液。然后它们会把产卵器稍稍拔出来一些，并小心地将它们的卵产入这些瘫痪的甲虫体内。毒液的优点是不会杀死昆虫，而仅仅是让它们不能动弹。如果一只甲虫幼虫被成年胡蜂杀死了，那么它就会开始腐烂，而这一过程将会危及正在发育的蜂卵。用毒液麻痹寄主昆虫是在卵孵化前保存肉的一个廉价而有效的方法，那时胡蜂宝宝就可以安全进食了。这就好比把一大盘子食物放在一条狗的旁边：胡蜂幼虫除了坐在那儿享受一大块美味的鲜肉外，无须做任何事情。

该怎么吃奥利奥：两种寄生现象

我已经描述过的外部寄生类型已经存在了大约 1.5 亿年。术语“体外寄生”（ectoparasitism）字面上的意思是“外部进食的寄生者”，在这期间它成为胡蜂演化和成功方面一个重要的因素。但寄生现象的起源确实只是这一更宏大故事的开始。虽然第一批寄生种类十分成功，极其多样化，并咀嚼着几百万年以来幼年甲虫在腐木中所能找到的食物，但它们一直严格居住在特定的栖息地中，直到一些创业先锋在另一种新方式上取得了成功。在晚侏罗世和早白垩世的某一时刻，寄生胡蜂想出了如何作为内部寄生虫在其他动物体内取食。这是寄生现象中更为精化的内寄生方式。它字面的意思是“内部进食的寄生者”，纵观现代昆虫世界，绝大部分寄生种类都属于第二种。

虽然中侏罗世时，外寄生动物的早期成功主要取决于在一种小动物外部进行取食，但这一方式也有其缺陷：寄主昆虫会永久性瘫痪，未成熟的胡蜂需要足够的时间来孵化它的卵，然后再吞食整个甲虫幼虫。这一过程至少需要好几周，而且只能隐蔽地进行。一旦暴露，年幼的胡蜂将会展现在捕食者面前并面临更加严峻的环境因素：干燥的阳光、极端的温度、大风和风暴。因此，外部寄生现象总是限定在植物组织内部被保护的微型栖息地中，这阻碍了体外寄生所能最终实现的结果。然后现在，绝大多数外部取食的寄生生物，是与在植物组织内部发现的未成熟昆虫相关的。相反，内部的取食者可以在这些栖息地中无拘无束地生活。寄主就成为了内寄生胡蜂的小生境，以及它整个幼年阶段的栖息地（内寄生现象就是在其他昆虫中寻找小生境）。一旦进入寄主，内寄生胡蜂幼虫便完全是可携带的，它就可以存在于任何其寄主可能存在的栖息地中了。因此，内寄生胡蜂就能在所有中生代昆虫中取食并发生多样化。这样，一个取食行为的潘多拉盒子就为胡蜂开启了。

胡蜂演化历史上的又一次重要事件，是产卵方式和雌性产卵器的改善。一些雌性停止在寄主外部产卵而开始直接注射入寄主内部。简明扼要地说，转变为内寄生听起来似乎要更简单一点，但事实并非如此。大家应该还记得，雌性胡蜂已经使用它们的产卵器注射麻痹毒液，在寄主昆虫身上钻叮了几百万年了。当它们可以轻易地把自己的卵连同毒液一同注入其他昆虫体内时，它们就发展出了寄生的行为习性。但是它们没有。相反，它们把产卵器从寄主体内拔出并在外部产卵，使得它们的幼蜂可以从外部进食。它们最初之所以没有把卵产在内部的原因，是因为内部比外部具有更多的挑战性。昆虫具有开放式循环系统，因此，它们的内部就是血池中的一堆器官。它们的血液像我们的一样，包含保护昆虫抵抗微生物入侵的细胞。早期寄生蜂的毒液可能会使寄主的肌肉系统发生瘫痪，但它们对于血细胞的免疫反应则是无所作为的。将一颗小卵放入一只昆虫体内将会被这些细胞挤压并杀死，成功的内寄生方式需要胡蜂演化出一系列对内部环境的特殊适应。

成功内部寄生的第一步，就是另一项在精确产卵方面的改善：一些胡蜂直接在寄主的神经或肌肉组织中产卵，从而完全避免碰上它的血液以及免疫系统。就其本身而言，这是一项很好的适应方式，但迟早卵需要孵化，幼虫也必须到处寻找食物。要完全避开血液很困难，但实际上，它们有一个很好的理由待在这里：昆虫的血液是一潭营养丰富的液体。因此最终最为成功的内寄生生物是那些创造出危害寄主免疫系统方式的类群。母蜂再次帮助了它们的后代，它们把毒液连同卵一起注入，其中一些是为了使免疫系统丧失能力而设计的，但在这一条线的某处，一件更加意想不到的事情发生了：一种在特定病毒与胡蜂之间共生的关系被铸造了出来。

我们都听说过皮下注射器的针头很脏可以传播病毒。回头来看看内寄生生物最早期的时刻，一只胡蜂设法用一些病毒颗粒将自己的皮下注射产卵器弄脏了。这发生得很偶然，但这些颗粒和卵就被一同注入了一只倒霉的寄主昆虫体内。病毒在寄主体内能自我复制，破坏了它的免疫系统但却没有伤及胡蜂幼虫。同时，病毒可以将自己植入正在发育的胡蜂体内，这样就可以逃离寄主并最终寻找到另外一只潜在的寄主了。对于病毒和胡蜂来说这是一个双赢的局面[①]。

一旦寄主的免疫系统发生瘫痪，蜂卵和幼虫就可以在昆虫的血液中安全地大快朵颐了。一个外寄生的卵具有一层坚硬的外壳，可以保护卵不受环境的伤害，一个大的富蛋白质的卵黄可以供给胚胎营养直到孵化出幼虫。另一方面，位于血液中的卵就没有这样厚实的外壳了。它漂浮在富蛋白质的液体环境中，只需要有一层薄壳就可以直接从寄主血液中吸收营养物质了。现在，内寄生的胡蜂只需要有一套吸收养分的机制就可以了，因此，它们的卵最多只需要有一个很小的卵黄就可以生存。如果只需要少量的卵黄，雌性就可以更容易地产卵并产下更多的卵。所以，内寄生胡蜂演化出一种称为滋养羊膜的结构，它就像一个寄生胎座。滋养羊膜包含一群与胚胎紧密相连的细胞，可以直接从寄主血液中吸收和传递营养物质。这些细胞可以喂养胚胎直到它长成幼虫，幼虫会从卵中逃脱出来并游开。滋养羊膜的好处并不仅仅如此。当卵孵化出来，它们的细胞就会分离并各自移动到寄主的血液池中。这些早期滋养羊膜细胞，不断从昆虫血液中吸收养分并进一步破坏它的免疫系统。当它们持续进食时，它们将生长并最终变成称为畸形细胞的巨型细胞，当年幼的胡蜂

① 这些与胡蜂相关的微生物就是我们所称的多去氧核糖核酸病毒（polyDNAviruses），它们看起来就是内寄生昆虫能取得巨大成功的一个关键所在。

幼虫四处游动并享用寄主的血液和组织时也会食用它们。

胡蜂幼虫通过使用长尾状的附肢，适应了它们在微型水生环境中的生活，这些附肢可以来回进行摆动从而向前游行，还获得了通过闭合的、充满气体的气管系统来呼吸的能力，因为它们没有阻止水流涌入的开放式的呼吸孔。幼虫也发展出了一层薄的表皮，它们的体壁上并没有很坚硬的骨质材料，这使得它们可以直接通过它们的身体进行表皮呼吸，就像许多其他生活在池塘和溪流中的水生昆虫一样。事实上，胡蜂是最微小的水生昆虫，也是水生生物中最为多样的类群。

虽然，一只生活在水塘中的大型水生昆虫有很多活动的空间，而一

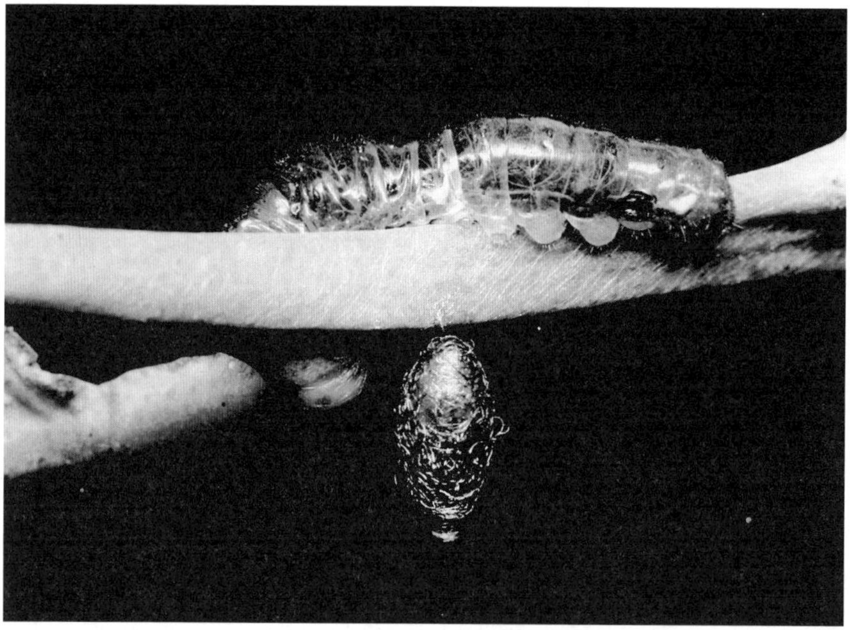

图 8.3 来自哥斯达黎加的凤蝶类蝴蝶的毛虫，已经被一只内寄生茧蜂类胡蜂，凤蝶方室茧蜂（*Meteorus papiliovorus*）寄生了。这只寄生胡蜂的幼虫已经从内部吃掉了这只毛虫的大部分，咬出了一个开口（在右侧可见），并吐丝结茧通过一条短丝悬挂着。（西田健二拍摄）

只在昆虫血液中游泳的寄生胡蜂幼虫只能被限定在一个狭小的封闭空间中。它就生活在一碗汤中，这就是它的食物。这就提出了一个特殊的问题：由于任何取食和生长过程都会产生废弃物，因此，幼虫如何才能持续发育却不会弄脏它们的食物和生活环境呢？我们很重视教育孩子不能在游泳池和浴盆中随意大小便，当面对一池的食物资源时，所有这些就显得更为重要了。幼蜂解决这一问题的方法，就是通过简单地在体内收集废弃物但从不排便来实现的。它们能通过消化系统的中部来有效地吸收营养物质，但消化系统的末端是关闭的，这就使得废弃物在后端滞留。当一只胡蜂幼虫完成了进食、生长和蜕皮等一系列阶段时，它就开始进入寄主吐丝结茧，成蛹并最终转变为成虫。当破茧而出时，完全发育好的胡蜂就会第一次也是最后一次将其幼年期的废弃物排泄出来。

或许内寄生胡蜂幼虫最为奇怪的事情，就是它们一系列令人吃惊的体型[①]。随着幼虫的生长，在另一只昆虫内部的生活需求是不同的，因此，在每一次蜕壳时它都有一次获得新体型以适应某一特定生活阶段需求的机会。你或许在猜，从卵中孵化出来后，进食将会是它最关心的事；然而寻找食物很容易，幼虫只需毫不费力地饮用它的液体大餐。它还另有一个最为担心的事：纯粹的求生。寄主的免疫系统可能已经瘫痪，但另一个即刻的危险可能还会存在：那就是与其他居住在同一寄主体内的异种或同种寄生幼虫之间的竞争。因为这些竞争者可能会形成致命的威胁，年幼的胡蜂幼虫已经变得在自我防卫方面超级特化了。许多天生就有一个大头，镰刀状强有力的上颚，正如我已经提到过的，还有一条长尾状

① 这些在幼年生命周期中发生的身体形态的极端特化，是一个变态发育适应或变态过度的例子。

便于快速移动的附肢。它们在卵外生活的第一份工作就是游泳并极力消灭它们的对手。

胡蜂幼虫在其生活的中段是一只平凡的白色蛆虫。由于它已经消灭了竞争者,因此它不再拥有大型的防御性上颚。考虑到它的食物是由液体、小颗粒和细胞组成的,而且它甚至不需要咀嚼,它的头部也大幅度退化了。由于幼虫不需要步行,因此它退化了其游泳型的附肢,但也没有长出腿。因为它的表皮很薄,气体可以通过体表进行交换,幼虫能够伸展开,从而轻松地迅速进食和生长。胡蜂幼虫会在一次或多次蜕皮中都保持简单的体型,在它生命的中段时期,它除了漂游、吸食和长大以外无事可做。它的后消化道一直保持着关闭状态。

当它获得了大体型需要转化为成虫时,胡蜂幼虫就要准备开始化蛹并从已经被大肆吞食和破坏即将腐烂的寄主体内逃离出来。对大多数幼虫来说,现在是出来的最佳时刻。在最后一次蜕皮中,一些主要的变化发生了:成熟的幼虫获得了开放的气门,变得能够通过气管呼吸系统来呼吸气态空气了;它还长出了复杂的头部,具有能咬出孔洞的上颚,以及能够制造蚕茧的喷丝头,丝腺突然而迅速地发展起来了[①]。最后也很重要的是,成熟的幼虫长出了完整的消化道,最终能够将体内储存的废弃物排出体外了。

① 当你考虑到绝大多数其他年幼的产丝昆虫,比如毛虫在它们整个幼虫生命周期中发展出了这些丝腺,丝腺在寄生蜂幼虫中的突然演化出现是让人印象比较深刻的。当胡蜂的幼虫在一个寄主昆虫体内进食时,它们是完全不需要丝的,因此,它们抑制了其腺体的发育一直到最后一次蜕壳。

双重视野：以两种方式看待寄生现象

内寄生演化引发了一场物种起源的异常大爆发。因为各种胡蜂发生了分歧并适应了其他昆虫体内的生活，但胡蜂仍然留下了一个重要的窍门，这发动了另一场爆炸性的物种辐射。当胡蜂攻击木头中的大型寄主昆虫，昆虫被雌性的毒液麻痹时，你应该会回想起寄生现象。这种令寄主永久瘫痪的寄生现象被称为专有寄生方式（idiobiosis），而表现这一行为的胡蜂被称为专有寄生生物（idiobionts）。但是绝大多数现代胡蜂再也不会这么做了。瘫痪唯一的真正益处就是防止寄主伤害年幼的胡蜂，然而一旦内寄生现象演化出现，瘫痪麻痹的方式不仅不再需要，反而可能成为一个缺陷。因此，绝大多数内寄生胡蜂发展出另一种行为方式，使寄主要么完全不会瘫痪，要么仅仅在产卵的过程中瞬时瘫痪。这种寄生现象被称为联合寄生方式（koinobiosis），这类胡蜂也被称为联合寄生生物（koinobionts）。

乍一看，专有寄生方式与联合寄生方式之间的区别似乎很小，但对胡蜂演化方面的影响确实是很巨大的。关键的区别在于，专有寄生方式把寄主变成了一大块毫无抵抗力的腊肉，而联合寄生方式在它们将其寄生卵放入之后，依然暗中允许被寄生的昆虫继续生活，不断进食、生长，甚至蜕皮。这使得胡蜂可以攻击寄主各种各样的生命阶段。一个专有寄生生物被限制只能攻击它所能找到的最大寄主，因为它的幼虫只能吃现成的肉，而联合寄生生物可以选择攻击更小的寄主。许多联合寄生生物会把它们的卵放入很年幼的昆虫体内，通常它们远比年老者多得多，这时寄主太小还不能为寄生后代提供足够的食物让它们成年。但联合寄生生物的幼虫解决这一问题的办法是通过减缓或延迟它们的生长过程：寄主昆虫可以一直生活，直到它获得足够的生物量来喂养寄生幼虫时。通过稍稍的延迟发育，一只联合寄生型胡蜂还允许它的寄主开始化蛹，通常是为了寻找一个安全的躲藏地，或者是形成一个丝茧。因此胡蜂能够很好地利用寄主的保护行为来为自己服务。

专有寄生方式是攻击隐匿昆虫的一项伟大策略，但对于攻击暴露的昆虫来说则差强人意。如果一只暴露在外的昆虫被永远地麻痹瘫痪了，它便很容易变成食腐动物和捕食者的目标，这样的话幼蜂会与其寄主一同被杀掉。因此，或许联合寄生方式最大的好处就是它能让寄生蜂逃离其所居住的枯木和被攻击的寄主，并在植物外部进食。刹那间，联合寄生生物就挣脱了侏罗纪晚期森林栖息地的束缚。

拥有肛门滞留作用的神秘社群

当胡蜂通过创造一些方法来逃脱腐烂森林木头的限制，从而变得超级成功时，另一支侏罗纪的昆虫类群通过演化出一种体内全新的生活方式而繁荣壮大。这些先锋性的昆虫是首批白蚁，也被称为同翅类，它们形成了复杂的群居性行为，这让它们成为首批真正的社交性昆虫。当昆虫学家谈到社会性生物时，我们的意思并不仅仅指它们会聚集成群。早在泥盆纪和石炭纪时期，聚集在一起的六足类和昆虫，比如弹尾虫、蜉蝣和蟑螂可能就以极大的数量生活在一起了，但我们并不能将它们定义为社会性。严格来说，社会性昆虫不但成群居住在一起，而且它们还有三个广义的特征。

社会性行为的第一个要求是要有较长的成年生活时间，有两代或更多世代的个体同时存在。在大多数非社会性昆虫中，成虫产卵后很快就死亡了，大部分父母都不能活着看到它们的孩子长到成年。社会性昆虫较长的生命周期，使得它们可以实现社群的第二需求：共同合作来照顾后代。社会性昆虫为下一代准备了食物，转移走它们的废弃物，并保护它们免受捕食者和寄生生物的伤害，直到它们成熟并能对它们的社群做

图 8.4 作为大多数在系统发育上最为原始的现生白蚁，产自澳大利亚北部热带地区的达尔文澳白蚁（*Mastotermes darwiniensis*），是唯一像蟑螂一样将卵产在卵囊中的现生白蚁。图中可见三种不同社会等级的白蚁：一只兵蚁（右上侧），一只深色的幼态持续生殖性个体和几只灰白色的工蚁。

出贡献时。最后也很重要的是，社会性昆虫展示出群体劳动的分工现象，这让在群体中扮演特殊角色的专化类型（阶层 castes）继续进化。绝大多数不育的工蚁，都不能产生自己的后代而只能帮助抚养它们母亲的后代。这些工蚁要负责建造巢穴、搜集食物和抚育幼虫。然而，它们并不负责保卫社群：这一特殊的任务是由兵蚁承担的，它们也是不育的个体，拥有硕大的头部和专门化的口器来进行防御，但它们不能自己进食而必须要由工蚁来照料。白蚁社群中只有很少数量的个体拥有它们自己的孩子：生殖蚁王和蚁后，它们构成了地球历史上的第一个皇室。一旦蚁王和蚁后建立了一个新的社群并繁衍出第一批工蚁，它们就可以稳坐钓鱼台并尽情享用由它们的劳力带来的水果大餐了。

白蚁通常被作为社会性蟑螂看待。最原始的现生种类事实上类似于食木蟑螂（隐尾蜚蠊科 Cryptocercidae），一般认为白蚁是从类似蟑螂的祖先演化而来[①]。白蚁的行为和存在的关键就在于它们消化植物中纤维素的能力。正如它们的近亲木蟑螂一样，它们通过在消化道中储存共生微生物来完成这一艰难的过程。与所有其他昆虫一样，它们具外骨骼，而且前肠和后肠都镶嵌着骨质物。因此，当它们周期性蜕壳时，白蚁也会失去它们的共生菌，所以它们必须重新获得共生菌，否则它们将会饿死。它们是通过称为肛门交哺的过程来获得它们的肠道共生微生物的，这个过程字面的意思就是食用其他白蚁的粪便。这一行为听起来确实比较恶心，但这对它们的生存来说却至关重要：没有它的话，一些世界上最令

① 从历史角度来看，白蚁已经被归入一个独特的目，等翅目（Isoptera），但最近的研究认为它们是蜚蠊目（Blattaria 或 Blattodea）即蟑螂的一个支系。

人印象深刻和影响重大的社群可能根本不会演化出来[①]。

讽刺的是，肛门交哺行为解决了另一个存在于大型社群中的严重问题：排污除菌。当昆虫（或其他动物）以群组住在一起时，它们集聚的粪便会加快微生物病菌的传播，比如细菌和真菌。它还能攻击捕食者。例如当毛虫以群组觅食时，比起森林中单独分布的毛虫，它们更可能遭受疾病或被捕食的风险。白蚁不仅是靠吃掉它们自己的粪便来避免所有这些危险的，而且还使用这些粪便在它们的巢穴中建造各种隧道和拱门。

最早的白蚁家族可能仅仅包含了几十只或者几百只个体，但它们却十分成功并繁衍出超过 2900 个现代种类，这些蚁群可以包含最多几百万只个体。每一个蚁种都有自己独特的生活习惯和方式，但它们都对营养循环和脊椎动物食物网做出了极大贡献。由于它们极大的分异度和丰度，白蚁是木材和其他植物材料最主要的分解者，尤其是在潮湿的热带地区。它们帮助制造和搬运土壤，并被其他动物大量吃掉。想想一个非洲大白蚁（*Macrotermes*）高耸的蚁丘可以达到 20 英尺（约 6 米）高，并包含 200 万只工蚁。如果把白蚁的大小与人类的比例相比，这些蚁丘比任何一座城市中的摩天大厦都要高。与其他白蚁蚁丘一道，当你想到这些都是单一家庭的居所时，它们都是最为令人印象深刻的。一只大白蚁蚁后可能生存 10 年，有时一天内可产 30000 颗卵，她的一生可能要产 1 亿颗卵。想想看，这对一个家庭野餐来说会怎么样？

① 白蚁是与它们肠道共生菌交换的普遍需求联系在一起的社会性群落，这一观点被称为社会性演化共生假说。公平来看，这是另一个具有争议的话题，其他几个可行的假说或许可以解释白蚁社会性行为的起源。一个流行的观点认为由于白蚁发育缓慢并生活在浓缩食品富集的隐蔽栖息地中，所以，它们待在其多世代的家族群落中会享有一些优势。它们从共享食物中相互获利，能更容易地保卫族群并共同照看幼体。个体分散开来为新的成功巢穴寻找适合的地点是很冒险的，很多个体都尝试建立新的族群但显然都失败了。基本上，待在一个健全族群的个体更可能有好的生存机会。

虱子和母鸡

在侏罗纪公园，不提到带羽毛的恐龙我们是不能去野餐的。已经有太多地方提到迄今为止最古老的鸟，始祖鸟（*Archaeopteryx*），它具一个带鳞片似恐龙的头部，具爪的巨大带羽毛翅膀和一条披羽的长尾①。始祖鸟是如何与其他早期鸟类一起学会飞行的呢？一个流行的观点是滑翔飞行的树栖假说，他们认为鸟类是从小型的、具羽毛的树栖恐龙演化而来，它们首先通过滑翔从一棵树飞到另一棵树。这个观点很容易接受，因为这简单提出了鸟类只是模仿了 1.5 亿年前昆虫所使用的成功策略。但鸟类滑翔假说还存在两个缺点：为何古老的地栖恐龙要大费周章地转移到树上去呢？甚至在这些附肢能够用来飞行前，什么因素可能引发它们发展出具羽毛的大型前肢？

行走奔跑假说，则通过提出鸟类是从地上学会飞行而解决了这些问题。虽然存在激烈的辩论，但这一观点却由于一个简单的原因而更为贴近我心中的想法：它主张昆虫取食在鸟类演化中是作为一种驱动机制而起了重要作用。行走奔跑假说认为鸟类是因为在地面上追逐昆虫而开始飞行的，它进一步认为这些动物首先在前肢上演化出大型羽毛并非是为了飞行，而是在改良抓捕昆虫的设备。古老具羽毛恐龙的理念迅速在森林中延伸开来，使用其前肢作为苍蝇拍的猜想并非是不靠谱的。

---

① 直到最近发现中国具羽毛的恐龙小盗龙（*Microraptor*）之前，始祖鸟一直被认为是最古老的鸟，小盗龙的前后肢上具有明显的飞羽。小盗龙的发现重新引发了鸟类及其飞行起源的热烈讨论。我并不期待在这里能解决这些问题。然而，我认为即便小盗龙完全是树栖的，它也必然是从早期的地栖祖先演化而来。所有这些小型盗龙都是具牙齿的食虫动物，因此它们的食谱中是包含昆虫的。无论我们讨论的对象是始祖鸟还是小盗龙，因为追逐树上和空中的昆虫可能就是推动鸟类飞行起源的原因，这是值得我们注意的。

我们已经开始接受许多三叠纪小型地栖恐龙都是杂食性的肉食动物，并且十分喜爱吃昆虫的想法。鸟类显然是从这样的小型恐龙，如嗜鸟龙（*Ornitholestes*）演化而来，它们很可能会吃掉大量虫子。假设最早的原鸟类也吃昆虫将是意义非凡的，强大的自然选择将会支持任何可以改善它们迅速抓到昆虫能力的行为。这一假说的主要缺点是，始祖鸟只有极少或者根本没有时间能花费在地上：它们的爪子显示出极少的磨损。然而，这两种观点并不需要相互排斥。始祖鸟可能是生活在树冠上的一种飞行者，而它们直接的祖先可能是地栖的昆虫追逐者①。

无论你对这个翅膀拍怎么看，鸟类出现的历史都是与昆虫的历史和成功纠缠不清且互相依赖的。第一批鸟类能够飞到空中，还有什么比想要狼吞虎咽掉它们周围大量高营养的虫子更好的原因呢？鸟类不是以大小而是以数量取胜，它们演化出 8 万多种现代鸟类，其中大多数都是食虫性的②。

你可能会猜想一旦具羽毛恐龙飞向天空，它们就会给昆虫带来灾难并将它们猎杀殆尽。然而，并没有很多证据来支持这一假设。有一个类群确实在早期鸟类出现之时就消失了，那就是巨翅类昆虫，但原因是它们过于巨大和嘈杂了，它们可能全都很容易被捕杀；而另一类群不但没有受到影响，反而变得更为多样了。我们可以放心地假设：从一开始鸟类就是在许多方面促进昆虫演化强大的选择压力。在白天活跃的捕食者，

① 英国曼切斯特大学的罗伯特·纳德斯（Robert Nudds）最近研究了始祖鸟和古老的中国鸟类孔子鸟（*Confuciusornis*）羽毛化石的承重能力。他发现这些早期鸟类具有脆弱的羽毛，很可能不能很好地用于飞行。它们可能只能从一个枝头滑翔到另一个枝头，或者使用它们的翅膀来缓慢下降。纳德斯的研究出现在《科学新闻》（*Science News*）中，2010 年 6 月 5 日。

② 始祖鸟通常被描绘为吃小蜥蜴或鱼。我毫不怀疑它们会吃蜥蜴、蝾螈等等，但肯定的是像它们的祖先一样，它们是高度杂食的并广泛食用昆虫。

它们很可能影响了许多昆虫夜间活动的演化。为了能够寻找捕食者，它们帮助促进了保护色、警戒色和拟态的演化。因此，当恐龙最终长出羽毛飞向天空，它们并没有阻碍昆虫的成功。虫虫们在鸟类最终出现之前已经飞行了1.5亿年，在那时它们已经十分擅长飞行了。

当鸟类发生多样化时，昆虫可能也会很快利用它们。一群新型寄生昆虫，咬虱和羽虱，很可能是鸟类身上早期的定居者，虽然，并不会与更晚演化出现的它们更为常见的表亲吸血兽虱相混淆。咬虱和吸血虱（虱目）都首先起源于羽虱，而羽虱又有可能源于在早期鸟类巢穴中生活的啮虫。由于生活于羽毛间对羽虱有很强的吸引力，强烈得让我们时常称其为鸟虱，我们不能排除更早的地栖具羽毛恐龙，可能在鸟类出现之前就已经长有虱子的可能性。然而它们就在那儿，鸟虱在微型羽毛的森林中生长得十分成功：今天已经有1200多个现代种类了[①]。寄生虱潜在的群落会被可获得的寄主所限制，它们无法达到胡蜂所展示出来的超级多样化的水平，因为后者开拓了其他昆虫丰富种类的极致。尽管有这一约束，不过寄生虱的起源仍然是昆虫如何成功占领我们地球中的另一页英雄事迹。

在侏罗纪时期，劳伦古陆和冈瓦纳古陆不断相互疏远，于是就产生了更多的海岸线，把大陆气候由干燥变为湿润，并把荒芜的三叠纪沙漠变为潮湿的森林，高耸的红木状针叶林甚至长得超过了最高的梁龙。虽然，有许多新品种的恐龙在真实的侏罗纪公园的蕨树丛中阔步前行，在银杏枝叶中喧闹不已，但大多数这个时期生物的多样化是发生在微观层面上

① 这仅仅是鸟虱的总数。虱目（Phthiraptera）随后在新生代哺乳动物寄主身上发生了大规模辐射演化，因此，现生鸟虱和兽虱的种数应该接近5万个了。

的，是在各种蝽类、甲虫、胡蜂和蝇类当中出现的。当侏罗纪渐进结束，寄生蜂军团为了寻找甲虫幼虫而钻入枯木中，而白蚁则在落叶中津津有味地咀嚼，顽强的虱子也在小型恐龙的羽毛中筑巢安顿下来。但中生代森林中，昆虫和植物的演化正要变得更为醒目。在白垩纪即将到来之际，伴随第一批花朵的出现，森林变得绚丽多彩、芳香四溢。白垩纪时期也目睹了第一批蜜蜂、花蝇和蝴蝶的诞生。自从植物登陆后已经过了近3亿年的时光。为什么这个世界要花那么长的时间才能开出花朵呢?

9. 白垩纪的兴与亡

花朵在其复杂的形状、颜色和气味方面的演化是与传粉昆虫的演化齐头并进的。

海伍德（V.H.Heywood），《世界显花植物》

十分理性的科学家当处理他们自己专长的事情时，会以自己的谨慎而引以为豪；当他们开始破解白垩纪杀手这个谜团时，会沉溺于对最疯狂飞行的想象之中。

罗伯特·巴特（Robert T. Barker），《恐龙的异端》（*The Dinosaur Heresies*）

国王虽然离开了，但我们不会忘记他。

尼尔·杨（Neil Young），《我的我的，嘿嘿》（*My My, Hey Hey*）

当我正在写这些时，正是怀俄明州寒冷的二月。外面的景色特别萧条贫瘠，而我正在想着鲜花。我是不会在情人节忘掉它们的。电视广播公司、无线电台、报纸和网络，全都提醒我们要为所爱之人献上鲜花，在短短几天后，在最为严寒的冬天，商店里到处都是成束的玫瑰和其他各种各样五彩缤纷的鲜花。

除非我们有过敏症，否则，鲜花总能让我们感到愉快。我们会在住所周围的院子和花园以及工作场所种植鲜花，还会用小的容器栽培它们并带入室内观赏。我们喜爱它们五彩缤纷的颜色和花瓣奢侈夸张的形态，因此我们创造出插花艺术、印花布料和花纹墙纸，使用花朵图案让我们的织物变得优美，穿戴上花色的衣服和华丽的珠宝，有时我们甚至将花朵刺青到自己的身体上。我们尤其喜爱它们的芬芳：我们收取或者复制它们的香味用来做香薰按摩，并将它们添加进香水、香皂、食用油、洗涤剂、洗发精、除臭剂和蜡烛之中。

或许，鲜花对我们的吸引可能是爱德华·威尔逊（Edward O.Wilson）定义为生物本能（biophilia）现象的另一个例子，这里的生物本能是指人类与生俱来对自然和其他生命的爱。因为我们在自然界中已经进化了数百万年，或许我们拥有由基因决定的对周围美好事物的渴望，鲜花正是其中我们最热爱的一种；但比起其他生物，我们似乎更为喜爱鲜花。我们显然不会同样喜爱真菌、蝾螈、青蛙、蜘蛛或者蛇，尽管所有这些都可以看起来是五彩缤纷和生动有趣的。　些椿象拥有十分好闻的气味，确实比一些鲜花要好闻多了，但我们不会在情人节里把它们送给妻子或者女朋友。或许从一个基本层面上看，鲜花是通过同样诱惑昆虫的特征来吸引我们的。它们生动的颜色和奇特的形状，让我们就像蜜蜂一样远远地就发现了它们。在近距离范围，我们就像一只蝴蝶一样对它们的芬芳和香甜的花蜜做出积极的回应。鲜花、蜜蜂和蝴蝶在如今是那么常见，我们很容易忘记地球上并不是一直都有它们的身影的。

断裂，转变和恐龙的茫然

我们通常听到的更多的是白垩纪灾难性的结局，而很少有关于它们的漫长时间描述。这一时期是以巨型小行星的撞击（推测）导致了雷克斯暴龙（*Tyrannosaurus rex*）及相关恐龙的灭绝，并令哺乳动物从食肉恐龙长期的阴影下重见光明为特点，而引人注目地落下帷幕。再晚些时候会讨论这些，但现在先让我们聚焦于白垩纪时期都有些什么东西：白垩纪持续了 7900 万年，即便从宇宙的标准来看，这也是一个漫长的时期。

在大约 1.3 亿 –1.45 亿年前侏罗纪晚期和早白垩纪的开端，这个星球上最大的动物群落组成发生了明显的变化。雷龙（*Apatosaurus*）、梁龙（*Diplodocus*）和它们的近亲都走向了灭绝，白垩纪的森林到处可见一些新的大型植食性动物群落，最多见的是鸭嘴状的鸭嘴龙（*Hadrosaurs*）和具角和饰边的三角龙（*Triceratops*），以及它多分叉的亲戚。同时，冈瓦纳南方超大陆变得十分支离破碎，把受到惊吓的恐龙群完全分离开来；我们现在称为南美洲的陆块开始分裂远离现在的非洲大陆。随着每次的大型地震，断裂从南北两端形成，海水冲刷进来，最终这些区域被海水完全分离开来，一条狭窄的处于幼年期的南大西洋形成了。南大西洋洋盆自那时起不断生长拓宽，缓慢但持续地把南美洲和非洲分隔得越来越遥远，但在早白垩世，南美洲变为一个大型的岛洲，起先只是与非洲相隔不远但已经与北美洲相隔甚远（中美洲路桥是直到几百万年前才将南北美洲连接在一起的）。

如果从外太空观察白垩纪的大陆，我们至少能认出现代地区如南美洲、非洲、印度、南极洲和澳大利亚的大陆形态，但是它们的位置却与如今的位置有惊人的不同。南美洲和非洲，被一条类似于弯曲航道的狭窄水路而不是现代的海洋分割开来；南极洲的位置远离北方，但更接近于南美洲和非洲；澳大利亚向一侧倾斜，仍然与南极洲十分接近，仅仅被一狭窄的间隙分隔开来。在早白垩世期间，这些南方大陆气候温和，动植物广泛分布于从南美洲的南部走廊穿过南极洲的北部海岸一直延伸到澳大利亚东部。南美洲并不是白垩纪唯一独特的岛洲。印度次大陆已经从非洲东海岸分离出来，完全独立的印度陆块，在一段时间里一直通过我们现在称为印度洋的大洋向东北方向漂移。

虽然白垩纪时，印度和南美洲的形状可能看起来很熟悉，但它们的地形就比较难以分辨了。最为引人注目的是，它们相对较为平坦；我们所熟知的现代山脉安第斯山和喜马拉雅山都还没有形成[①]。此外，在早白垩世时亚马孙河与恒河也都还不存在；更为古老的河流在低地森林间流淌，鸭嘴龙则在朦胧的暮色中吃草。而正像这一场景可能对我们现在来说十分陌生一样，它也变得越来越熟悉：显花植物在白垩纪森林中首

① 随着南大西洋洋盆的拓宽而将大陆西推进入太平洋板块，南美西部的安第斯山已经存在了1.4亿年了。这是一个漫长的过程，因此，南美西部地区并没有迅速变为多山地貌。安第斯山主要的抬升作用发生在最近的2300万－500万年前。安第斯山直到大约1000万年前，才足够高到可以将亚马孙河向东引领到它现在通往大西洋的路径上来。同样的，喜马拉雅山直到相对较近的6000万年前，印度与亚洲大陆撞击之时才开始形成。

先演化出现并迅速增殖繁衍，无数的与花朵相关的昆虫群落也同时发展起来。

糖梅仙子之舞：昆虫与花朵的协同演化

显花植物，会开花结果的生物对植物学家来说就是被子植物。可能在侏罗纪或更早的时期就首次演化出现了，但它们最初只是稀少的生活于湿润森林栖息地中的木本灌木。我们发现了来自 1.34 亿年前早白垩世的花粉化石和 1.24 亿年前的叶片和花朵化石，我们知道 1.2 亿年前第一批被子植物，包括已经辨识出的睡莲和木兰，已经发生了迅速的多样辐射演化。到中白垩世时（一直延续至今），被子植物已经成为占统治地位的植物类型。

早期被子植物的生殖策略与石炭纪的买麻藤目（Gnetales）类似，这类植物早于显花植物 1.6 亿年出现，并与拥有坚固木质树干、顶部长有一圈坚硬的常绿叶片、结球果的原始种子植物苏铁类相似，它们自从三叠纪时就在遍布恐龙的森林里占据了统治地位。买麻藤植物利用花粉来进行生殖并具有两种形式：一些具有产生花粉的结构，而其他的则具有收集花粉的结构①。它们的雌性生殖部分长得一点也不像我们现在的花朵，但它们的功能是一样的，因此，虽然买麻藤类并没有归入被子植物中，但它们很可能被认为是最古老的花。更为重要的是，似乎买麻藤也是由昆虫传粉的。现代种类如藤麻黄（*Ephedra*

---

① 买麻藤是一种雌雄异体的植物：它们的性器官位于不同的分离个体上。

antisyphilitica）在它们花状结构的顶端会产生黏性水滴状的授粉液体，这种液体既可以黏结微小的花粉颗粒，也可以通过它们香甜的味道吸引昆虫访问。

香甜的花蜜和营养的花粉，使得花朵和昆虫能迅速占领这个星球。植物通过牺牲丰富度而产生足够的花蜜和花粉来喂养那一群群贪婪的蝇类、甲虫、胡蜂和飞蛾，所有这些昆虫又反过来帮助散播沾在它们毛发上富含蛋白质的花粉。昆虫所获得的营养利益是显而易见的，但植物是如何从这个互利共生的关系中获利的呢？植物都是原地生根，它们无法站起来去搜寻配偶。直到白垩纪时，它们的分布大多局限于依靠风媒传粉。然而通过昆虫的协助，多亏了昆虫飞行能量学，此时的植物可以长距离传播它们的基因物质了。如今它们拥有广泛分布的种群，在森林中散布开来几乎不需要风力的作用了。

授粉系统对植物和昆虫的共同益处，都清楚地印刻在中白垩世以来的化石记录中了。来自这个时期的化石十分丰富，但并没有很多样的新型显花植物，而是有许多与花朵有关的昆虫新种。需要特别指出的是具有长空管状口器的新型蝇类的出现和多样化，这一口器形式是为了浸入花朵深处吮吸花蜜而形成的。这些长喙蝇类，早期的蜂虻、嗜花虻（*flower-loving flies*）和网翅虻（分别为蜂虻科 Bombyliidae、拟食虫虻科 Mydidae 和网翅虻科 Nemestrinidae），是属于最早的高度专业化的食花昆虫。此外，通过观察残余的现生买麻藤种类如麻黄（*Ephydra*）以及仍然存活的原始显花植物像睡莲和木兰，我们可以看出这些古老的花朵是通过吸引各种各样的广义昆虫群落而获得成功的，它们中的所有种群都很喜欢花朵的味道。密切的相互依赖，就像兰花与某种蜜蜂之间的关系一样，是过去几千万年或更长的时间协同演化的结果。

植食性昆虫的主要类群，竹节虫、纺织娘、盲蝽、叶蝉、蓟马、甲虫、叶蜂、飞蝇和飞蛾，在白垩纪开始之前就已经各就各位了。它们都处于与植物迅速多样化齐头并进的强烈的物种爆发之中，然而，在所有这些生物进化的大爆炸中，没有哪个可以与晚白垩世时飞蛾和蝴蝶的崛起相竞争了。没有其他动物类群曾如此成功地在显花植物上大量繁殖，推动它们进化的伟大因素是它们未成熟的幼虫即毛虫的取食习惯。

鳞翅目主人

与它们所咀嚼的显花植物一样，食叶毛虫是如此常见，以至于很难想象没有它们的地球是什么样子？这些外部进食的昆虫是与显花植物的早期辐射，一同突然在仅仅 9000 万年前的白垩纪时期出现的。它们是从更为古老的在植物组织中挖掘隧道的微小幼虫演化而来：植物组织可以保护这些幼虫免受捕食者、风和阳光暴晒的影响。外部进食的毛虫是通过演化出更厚实的外表皮，以防止水分丢失来对付它们严苛的环境的，但外部生活的一个更为重要的挑战就是继续待在地球上。与在叶片中挖掘隧道的昆虫不同，一只毛虫需要应对行动带来的问题。植物不可能像动物一样站起来到处跑，但它们的叶片总是在风中发出沙沙声，它们的枝丫也总是在风暴中摇摆，所以，紧紧抓住植物确实十分重要。如果毛虫从树上掉下来，在它再次找到其他植物之前很可能就会死亡，或者它要浪费大量精力去试着回到原先的位置。

图 9.1 这一保存完好的蝴蝶化石泊瑟芬原袖蝶（*Prodryas persephone*）（鳞翅目，蛱蝶科）产自科罗拉多弗洛里森特（Florissant）至少 3400 万年前的始新世岩层中。蝴蝶是在白垩纪期间首次演化出现，并躲过了白垩纪大灭绝成为现代世界最重要的植食性动物。（弗兰克·卡朋特 [Frank Carpenter] 拍摄。哈佛大学比较动物学博物馆）

鳞翅目昆虫对外部世界有一个极好的预适应：丝[①]。我们大多会回想起丝茧在保护变态蛾蛹中的价值，但我们却容易忘记这一材料对毛虫的重要性，因为这是一个最大的生存问题。对它们来说丝线其实就是外在世界中的生存命脉：当一只毛虫爬到植物上，它总是吐出一条黏性的丝线，其中一头连接着地面。如果毛虫摔下来，它会释放更多的丝，通过这些丝线它就能安全降落到植物的另一边，或者回到它原来的起始点。

① 鳞翅目昆虫与它们的姊妹群毛翅目（石蛾）拥有我们在第 6 章所讨论的相同的产丝机制。即使作为微小的潜叶蛾，原始的毛虫用从改良后的唾液腺中分泌出的丝来将其穴道排成一排。丝，甚至是那些我们珍惜的领带、衬衫、围巾和睡衣所使用的优质蚕茧，不过就是干掉的昆虫唾沫而已。

在它腹部腿肢的尖端布满了微小的刺和钩，称为趾钩，在毛虫行走时可以紧紧抓住丝线，并能保证毛虫即便是在有风的日子里也能紧密附着在植物上。作为尼龙搭扣最初的发明者和最为成功的使用者，毛虫也会用丝将树叶连接在一起，并将这个丝包作为进食时的庇护所来躲避严酷的外在环境，以及捕食者和寄生生物。

随着白垩纪的发展，飞蛾毛虫和最初的蝴蝶在咀嚼植物方面变得更加有效。只要有可食用的地方，毛虫似乎就会设法找到它。它们会吃整片叶子，刮擦叶片表面和叶脉；它们也会吃花芽、花朵、果实、种子、茎秆甚至是根。所有这些咀嚼咬碎，似乎听起来对早期显花植物来说完全是一场灾难，但它们并没有对这一攻击掉以轻心。当昆虫继续进食时，植物正通过演化出更为有效的防御手段来应对它们：一些植物长出了难以消化的更厚实的外表皮或微型小刺；另一些植物黏稠的树胶会把昆虫的口器绑住，却无法被咀嚼掉；许多其他植物演化出化学防御手段，让它们的叶片变得苦涩甚至是具毒性[①]。迄今为止，已经识别出1万多种这样的防御性化合物，并且在对热带植物的探索中新的品种还在不断被发现。它们似乎在与植食性昆虫的多样性相竞争，这些化学物质包括单宁酸（tannins）、植物碱基（alkaloids）、生氰糖苷（cyanogenic glycosides）、香豆素（coumarins）、类黄酮（flavonoids）、类固醇（steroids）、萜类（terpenoids），这里只举几个例子。这些名字可能看起来很外来，但比如植物碱基化合物就包括咖啡因、尼古丁、吗啡、阿托品、可卡因、

① 这些防御性化学物质的种类是限定于某些植物的，并在它们中以不同的量发生。因为，植物生长的主要新陈代谢作用并不需要它们，所以，科学家称其为二次化学物质。虽然这些化学物质中的一部分可能源于发育中的废弃物，然而，许多似乎是为了严格防御昆虫的植食性取食行为而演化出来的。

士的宁（番木鳖碱）、奎宁和箭毒。当我们喝咖啡或抽烟时，我们当中有多少人会停下来想想，正是数亿年前植物与昆虫的协同演化才使得这些事情成为可能?

被子植物的化学武器并没有给植食性昆虫带来末日。如果要说有什么的话，那就是激发了更多创新性取食策略的演化发展：如果一种被子植物演化出一种全新的防御性化学物质，这可能阻碍了许多广适性食草动物继续食用某一特定植物种类；但总免不了有一些专有性昆虫，出于它们独有的能力去发现继续食用这一植物的方法。一些昆虫会避开这种化学物质。例如，一只咀嚼型昆虫可能会切除较大的叶脉，从而防止防御性化学物质流入它们正在吃的植物部分，或者它可能会选择性食用含有更少毒素的新生植物部分。抑或一只具刺吸式口器的昆虫，可能会选择性地食用那些缺乏化学物质的植物穿孔部分。许多昆虫演化出排除植物毒素的机制，或者更理想的是寻找把它们融入自己身体新陈代谢中的方式，从而把植物中的化学物质转变到它们自己对捕食者的防御中去。

攻击蜜蜂女孩

显花植物在白垩纪剧增，与之伴生的昆虫也激发了其寄生和捕食性群落的爆发，因为每一个利用显花植物演化出现的新昆虫种类，都是食昆虫动物的潜在食物。例如刺蜂（针尾亚目 Aculeata）是由晚侏罗世的寄生蜂演化而来，这些寄生蜂将产卵管向下移动到产卵器的基部之上，而这些产卵器的改装仅仅是用来作为皮下注射器注入毒液的。这使得蜇刺成为传递毒液的专门工具，并最终成为一种单纯的防御性武器，晚侏罗世时的转变加速了对一个新型胡蜂群落（巢穴供给胡蜂）的征服，并在白垩纪时产生了其他几个新的社会性昆虫群落：群居性胡蜂、蜜蜂和蚂蚁。

或许拥有新型产卵管的侏罗纪，胡蜂并没有太多的改变。雌性还是刺入寄主昆虫并使其瘫痪，然后在其体内产卵。然而，一旦螫刺逐步形成，雌性就再也没有钻孔并将卵深深注入寄主的选择，它们只能将卵直接产在容易暴露的昆虫上了。但同样的，雌蜂能够轻松找到这些暴露的昆虫，其他捕食者和寄生生物也能发现它们，这也是为何一些雌性开始将它们麻痹瘫痪的寄主转移到一个更为孤立的地方的原因。通过这种转移，第一批巢穴供给的独居蜂在晚侏罗世时期闪亮登场。

通常来说，一只雌性巢穴供给的独居蜂会在地上挖一个洞或隧道，又或者找一个中空的植物茎干。然后，她就要准备捕猎了。她会寻找一个合适的食物对象，比如一只毛虫，刺进它的身体并注射麻痹毒液，正如她的寄生蜂祖先几百万年前所做的一样。接着，她会用自己的上颚或腿紧紧抓住这只瘫痪的昆虫。也有可能带着它飞走，或者她只是沿着地面拖着它走。在任何情况下，凭借着坚定的决心和辛勤的工作，她会把昆虫带回巢穴并塞进洞中，接着在其身上产下一颗卵。然后，她熟练地将巢穴入口封上，并在另一个地方开始新一轮的循环。

当雌蜂在早白垩纪变得善于寻找暴露的昆虫时，它们将自己的螫刺改变为超级捕猎工具，许多新的巢穴供给种类开始演化出现。当它们的捕食技巧不断多样化，胡蜂在建造巢穴方面也变得更具创造性。它们开始在木材中挖掘隧道，掏空植物茎干中多髓的中心，在直立的岩层和缺

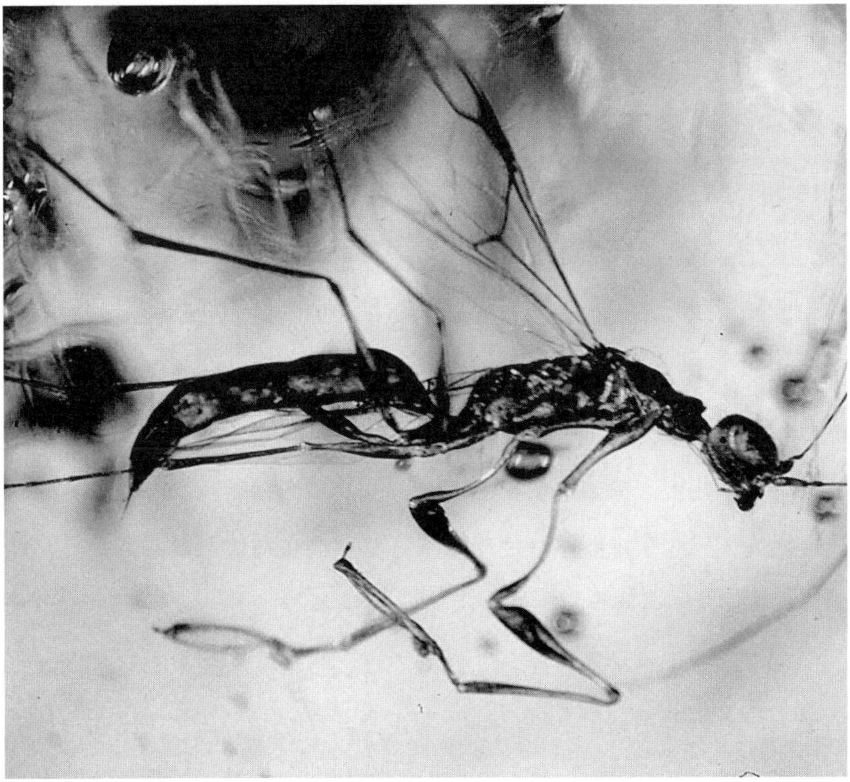

图 9.2 一只在多米尼加琥珀中成为化石的雌性螯蜂（膜翅目，螯蜂科 Dryinidae），有 2000 万 -3000 万年的历史，可见一根蜇刺。现代螯蜂都是外寄生于同翅类成虫或若虫身上的，它们通过它们具螯的前肢抓住猎物并刺入致其瘫痪；然后它们在寄主昆虫胸部或腹部交叉的体节处产下一枚卵。（小乔治·波因纳儿 [George Poinar Jr.] 拍摄）

少泥土的悬崖峭壁上建造巢穴。为了进一步隐藏它们的巢穴，一些现代胡蜂会关闭洞口、飞越巢穴，播撒沙子来清除所有入口的痕迹。其他母蜂用其颚部捡起一小块石头，用来把土向巢穴入口用力压紧。因而，胡蜂是第一批会使用石头工具的动物，可能比任何灵长类或人类捡起石头还要早几千万年。

上流社会

巢穴供给的创新，再次为从独居到社会性的转变做好了准备。在白垩纪期间，三条主要的社会性膜翅目昆虫的演化种系都是由巢穴供给的祖先演化而来。这些种群主要是蜜蜂、胡蜂（包括大黄蜂）以及蚂蚁。

蜜蜂仅仅是多毛的社会性胡蜂，演化为植食性而非肉食性。原始蜜蜂就像许多巢穴供给独居蜂一样在地上的隧道中产卵，而它们供应细胞的方式是相似的[①]。它们只是用花粉塞满巢室而不是麻痹猎物。当蜜蜂社会进一步演化出一些树栖筑巢习惯时，便开始占据多髓或中空的树枝茎干。最终，一些蜜蜂能够利用从蜡腺分泌出的块蜡建造巢室，使得它们可以占据树木或悬崖上更大的空间。

胡蜂进化出一种通过混合它们的唾液和浸软的木浆来制造坚韧纸张的能力。它们就是通过这种“纸”来建造巢室的，它们会在里面为幼虫储存瘫痪和嚼碎的食物，通常是其他种类的昆虫。胡蜂成为了建筑专家，塑造了一个各式各样的多网络、多层次的封闭住所：它们筑造纸巢和将其连接到其他东西上的独特能力，使得它们可以从泥土住所转移到中空的原木中，甚至其他各种暴露的巢穴地点，比如树叶上、叉枝上和岩石表面。由于许多胡蜂都是以各种毛虫作为收获和取食的来源，所以，它们直接在多叶植物中建造巢穴的能力，使得它们可以在更靠近其食物来源的地方居住。

与蜜蜂和胡蜂不同，蚂蚁是无翅的社会性蜂类，它们更为成功地抛

① 或许这还不足以判断一些蜜蜂的掘穴能力，它们在各种土壤类型中都可以筑巢，包括软质土壤和重质黏土。令人印象深刻的是，已知一些怀俄明的蜜蜂可以在岩石中筑巢，即拉勒米组的软质砂岩中。

弃了祖先们将食物储藏在单独巢室中的行为，而是在更大的公共巢室中抚育它们的后代。就这一点而言，许多蚂蚁的巢穴与白蚁的十分相似。蚂蚁也会搬出土壤而占据一系列植物栖息地：许多巢穴建在中空的茎秆中、坚果内或大型种子中，甚至是通过丝将树叶系在一起的开阔树枝之上。一些蚂蚁，比如南美洲声名狼藉的行军蚁完全抛弃了自然的住所，当需要时，它们会通过其工蚁身体之间的缠绕来构建临时帐篷和露营地。蚂蚁比起其他类群的社会性昆虫，拥有更为多样的饮食，它们会吃其他虫子、

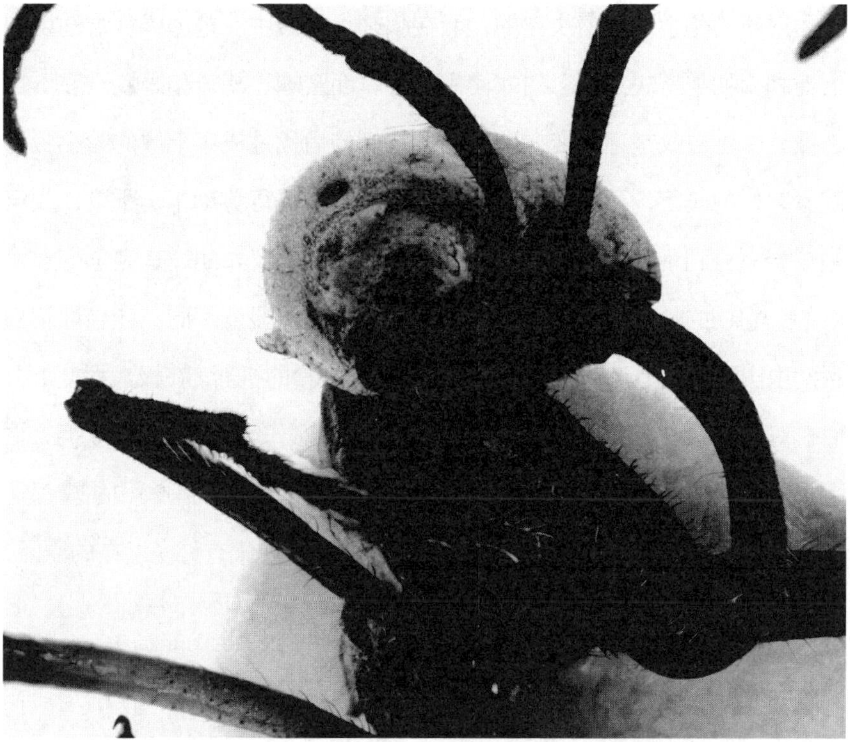

图 9.3 这是一只兵蚁的脸部和长牙状的上颚，它是来自新世界的哥斯达黎加行军蚁，钩状行军蚁（*Eciton hamatum*）。像这样的蚂蚁是新热带区森林中强大的捕食者。

植物、种子、真菌以及来自大量包括蚜虫、角蝉、水蜡虫和毛虫等昆虫的香甜蜜汁。

蜜蜂、胡蜂和蚂蚁的社会结构，与我们早先提到过的它们的远古亲戚白蚁十分相似：这些谱系中的每一支都演化出现了等级体系，包括工蚁、兵蚁和王后；每一支都有长寿命的世代交叠成年个体，并且都相互协助共同照看它们的后代。通过趋同进化，白蚁和社会性膜翅类昆虫都演化出了相似的化学通信方法，复杂的巢穴结构，伴侣间交换液体食物的行为，创造和使用化学标迹物的能力和领域行为①。

另一方面，白蚁和胡蜂社会还有一些主要的区别。在白蚁中，等级是由暴露的化学信息素决定的；而在膜翅目昆虫中，是由喂食给幼虫的营养和食物类型决定的。白蚁使用童工，而蜜蜂、胡蜂和蚂蚁一般不这么做。由于白蚁是逐渐变态发育的，它们的后代是成年个体的缩小版，随着它们的长大，幼年个体已经能够在群体中进行劳动了，所以，成年白蚁会充分利用青少年劳工营。相反，蜜蜂、蚂蚁和胡蜂是完全变态发育的：它们的幼虫与成虫在形态和可能的功用上显著不同。社会性膜翅目幼虫实际上就是无助的蛆虫，只会成长和进食的机器。在极大程度上，它们对社群无所贡献，要直到成年后才能开始工作②。而且，白蚁拥有更平均的性别比例，工蚁中既有雄性也有雌性，而蜜蜂、蚂蚁和胡蜂都是雌性主导（亚马孙、古希腊女战士）的社会。这一现象有许多潜在的原因，

① 你或许能回想起，当我们第一次思考寄生蜂的早期演化时，我们讨论了幼虫封闭性后肠的重要性，这可以阻止幼虫因其粪便而弄脏它们的进食场所。这一适应同样对回巢供食独居蜂以及社会性蜜蜂、蚂蚁和胡蜂都是有帮助的。这些类群像白蚁一样，在大量社会化之前需要解决污水防治问题。当白蚁吃掉它们的排泄物时，胡蜂则是直到完成它们的初次进食前都一直会储存着粪便。

② 织叶蚁是一个例外，它们通过挤压刺激其幼虫吐丝。然后，这些蚂蚁会将树叶和丝茧缚在一起从而在树上做巢。

但一个重要的考虑是雌蜂具有一个防御性的尾刺，而雌性白蚁则没有。雌蜂也有一个储藏精子的器官（储精囊），以及决定对所产的每只卵是否受精的能力。因此，正如早先所讨论过的，在膜翅目昆虫中个体的性别是由卵是否受精决定的，蜜蜂、蚂蚁和胡蜂王后大多是选择雌性后代进行抚育。大概这是因为拥有尾刺的雌蜂，在捕猎或保卫巢穴方面更为有用。

白蚁由单独一个社会性的常见祖先演化而来，而膜翅目昆虫的社会性行为是分别起源于多个种群。演化出建造和巢穴供给的习性，显然在膜翅目昆虫转变为社会性过程中扮演了重要角色。一只独居性胡蜂母亲在外出寻找食物时，只能留下无人照料的巢穴，开放的巢穴和她的孩子将会暴露在捕食者和寄生者面前。即便是很小的一个社会性群落，当其他个体出外寻找食物或建筑材料时，也能从让一些个体去守卫巢穴中获得益处。另一个重要的因素，必然是膜翅目昆虫的防御性尾刺的演化。尾刺作为一个强有力的工具，不仅可以用于麻痹和征服猎物，而且可以抵挡大型动物对巢穴的袭击，在白垩纪时期这些大型动物可能是恐龙、鸟类或小型食虫哺乳动物。或许社会性胡蜂演化中，最为吸引人的方面是这样一个有意思的可能性：由于它们的单倍二倍体性别决定机制，胡蜂可能已经被预先设置好了将会变为社会性的。

多年来，社会性昆虫最大的一个问题就是为何它们演化出了不育的工蚁。查尔斯·达尔文仔细考虑了这一自然选择的谜题，但他却无法解决它。如果工蜂、工蚁都是不育的，它们就无法对下一代贡献出任何它们的后代。为何会有生物愿意照顾其他个体的后代，而无法留下任何自己的后代呢？对这一看似进退两难困境的潜在答案是亲缘选择假说，在于膜翅目昆虫选择雌雄的单倍二倍体机制这一奇特的遗传影响，其中未受精的卵发育为单倍体雄性，而受精的卵则发育为二倍体雌性。在蚂蚁、蜜蜂和胡蜂中，姐妹之间共同的基因（75%）比它们与其女儿之间所共享的（50%）要多。比如，如果一只雌性工蚁将要发育出她自己的卵巢，交配和生育她自己的后代，她将会与她的女儿共享50%的基因；另一方面，当雌性工蚁帮助它们的母亲养育更多的个体，将与它们共享75%的基因组成，因为这些工蚁都拥有共同的父母。这听起来有点奇怪，但它却能帮助解释为何膜翅目昆虫能够产生如此多的成功社群[①]。

白垩纪而不是更早时期的社会性胡蜂社群的增殖扩张，很可能归因于它们与显花植物一前一后的协同演化。蜜蜂完全依赖花朵的花粉和花蜜生活，相应地，它们也通过推动它们演化以及获得成功的传粉系统而促进了显花植物的成功。胡蜂可能在较早的时候就获得了产生纸的能力，但它们需要为其巢穴提供肉食。当鲜花真正盛开时，社会性演化象征性地繁荣兴盛，恰恰是由于被子植物培育了众多丰富的美味昆虫，不仅为胡蜂也为蚂蚁提供了丰盛的食物。蚂蚁可能不久后就演化出现，但它们的崛起是由在显花植物中广泛的筑巢机会而促发的，而蚂蚁也会反过来帮助运移和分散它们营养的种子，由此塑造了白垩纪的植物群落。被子植物也促进了膜翅类昆虫的激增，包括角蝉、蚜虫、水蜡虫、蚧虫及其他类别，它们所排出的糖分补充了蚂蚁的日常饮食。

① 当亲族选择假说几十年来都在文献中占主导地位时，最近一篇由威尔逊（E.O.Wilson）及其同事撰写的具有争议性的论文，对这一假说发起了挑战并将大家的注意力重新集中在其他观点上，比如为了收集食物和防御的巢穴共享所获得的互利互惠。想要了解这方面的更多内容，请看马丁·诺瓦克（Martin A. Nowak），科里纳·塔尼塔（Corina E.Tarnita）和爱德华·威尔逊（Edward O.Wilson），《真社会性的演化》，《自然》466（2010）：1057–1062.

每一只都难逃被蜇咬的下场

雷克斯暴龙、三角龙和其他大型恐龙的消亡，是另一个挥之不去的谋杀之谜。由于比不上二叠纪末期大灭绝那样具有灾难性，白垩纪末期大灭绝引发了更多的解决方案和公众的注意。或许对这一仔细观察的原因，在于大型恐龙的魅力和它们的灭绝对于我们来说隐含的重要性：它很可能打开了通向哺乳动物多样化和人类意识最终演化出现道路的大门。然而，所有我们对这一事件极聪明的专注并没有解决这一谜题。

在许多对恐龙衰亡与瓦解的解释中，有一种观点认为它们是被白垩纪的植物毒素毒死的。然而，这些毒素似乎不太可能如此普遍竟能够促使恐龙走向灭亡。就像在现代世界一样，那时有大量无毒素的植物和多变的毒素富集植物。食草恐龙应该能够食用树叶并摒弃那些苦涩或有毒的植物，就像现在的食草哺乳动物所做的一样。当白垩纪植物群落发展出更为多样的具毒性显花植物时，恐龙群落显然很可能已经变得更为专有化并可能不再那么多样和丰富了。被子植物可能长期（或许是几百万年）对大型食草恐龙数量的下降起到了较大作用，但很可能在短期内它们就被毒死并走向灭亡了。

一些科学家提出，能够传播致死疾病的新品种昆虫可能已经演化出来。虽然我们对此没有明确的证据，但我们能够相当肯定白垩纪的恐龙不得不与一些小型吸血飞蝇做斗争，具羽毛的恐龙包括一些猛龙类，其身上很可能已经长有与鸟虱类似的寄生虱子。现代鸟类、爬行动物和哺乳动物被各种携带了大量不同病毒的嗜血昆虫滋扰攻击，因此，要找到为何恐龙能够对这样的袭击有免疫的原因是很困难的。似乎很可能，它们至少自从侏罗纪时期就开始被这些昆虫叮咬了，传染病便随之而来，从而导致恐龙种群数量的升降。或许灾难性的传染病彻底毁灭了一些种类；然而，很难想象一个单一的疾病会在白垩纪末期，将所有的恐龙引向灭绝，可不知为何却让鸟类和哺乳动物免遭连累。

蜇人的社会性胡蜂、蚂蚁和蜜蜂，显然在晚白垩世时会侵扰到恐龙。这些恶毒的的昆虫曾爬满整个森林。植食性恐龙会更为谨慎地采集它们的树叶沙拉，尽量避免植物毒素和更严重的螫伤，这常常是致命的。或许长喉咙的恐龙更为脆弱，但如果它们突然吃到一只胡蜂并将其蜇刺卡在喉咙的话，任何食草动物都可能会遭遇到严重的窒息风险。蜇人的昆虫甚至对于缓慢进食的鸭嘴龙，也会造成被噎住的危险。没有任何一种蜇人的昆虫会乐意看到自己的巢穴被骚扰。现代种类能够毫不逊色地对抗入侵者，无论是鸟类还是哺乳动物，因为它们最初是伴随着白垩纪的恐龙而演化出现的，其中一些很可能至少是部分食虫的，似乎有理由去假设，这些社会性蜇人蜂会在极大程度上完善自己的毒液是为了保护自己，以抵抗小型抢劫巢穴的恐龙。美好的三叠纪昆虫大餐已成往事。猛龙类，甚至雷克斯暴龙都对社会性胡蜂和蚂蚁极其愤怒，它们不得不迅速结束进食，否则在食用动物尸体时很可能会被这些伺机的昆虫蜇上一口。有没有大黄蜂曾经访问过你的餐桌呢?

或许有毒的昆虫社群造成了恐龙数量的下降，不过实在很难不这么想象，除非恐龙具有胡蜂毒液过敏反应，但我们永远不可能搞清楚这点了。当被胡蜂蜇过后，将它们刻画为痉挛、伤口肿胀和呼吸困难或许是同样具有娱乐性的，我想很有可能这些蜇人的昆虫，使得恐龙在最后的日子里着实痛苦不堪[①]。

世界末日

我们并不需要任何更多的对恐龙数量降低的可能解释[②]。现在存在很多合理的假设，但它们都归结于陆地和地外原因。在陆地方面，主要的观点要么涉及生物间相互作用（与植物、昆虫、哺乳动物或其他恐龙），要么涉及物理因素（气候变化、大陆漂移或火山爆发）。在外太空方面，包括各种各样有关流星、超新星和宇宙射线，除非你已经与狼在洞穴中生活了几十年，否则你很可能知道十分流行的小行星撞击假说。这一观点被路易斯·阿尔瓦雷斯（Luis Alvarez）所支持，主要是因为在晚白垩世和古近纪岩层分界即所谓 K-T 界限，出现了相对稀少的铱元素富集现象。高浓度的铱元素已经在地球上许多地方的 K-T 界限处被发现。就我们所知，它们只能有仅仅两个可能的来源：要么这些元素是从一个地外物体中释放出来的，比如一颗硕大的小行星或者一颗彗星，要么是通过火山爆发作用从地壳深部释放出来的。由于在墨西哥半岛临近尤卡坦

① 如果你仍然在怀疑那些大型恐龙是否能够够感觉到一只胡蜂的叮咬，那么请想想这个：一只昆虫叮咬所造成的痛苦，可以按照施密特刺痛指数（Schmidt Sting Pain Index）划分为 0-4 个尺度，这是由杰出的昆虫学家和胡蜂专家贾斯丁·施密特（Justin Schmidt）博士提出的。叮咬最为疼痛的昆虫，南美子弹蚁被描述为“纯粹、强烈、绝妙的疼痛，就像行走在熊熊燃烧的木炭上，其上还插有 3 英寸长的生锈钉子”。贾斯丁·施密特，“膜翅目昆虫的毒液：向着对脊椎动物最后的防御而奋斗”，见《昆虫的防御：猎物与捕食者的适应机制与策略》，埃文斯（D.L.Evans）和施密特（J.O.Schmidt），387-419（奥尔巴尼：纽约州立大学出版社，1990）.

② 要想为多个恐龙灭绝理论得出一个概要，那么可以参看罗伯特·巴克（Robert Bakker）的书《恐龙的异端》（*The Dinosaur Heresies*）。巴克自己是支持在白垩纪晚期时，由于亚洲和北美的种群在这些地区被白令路桥（Bering Land Bridge）连接后便融合在了一起，所以，恐龙是自然减少这一假说的。更多可能是由于竞争有限的资源或者因为新入侵的捕食者而走向灭绝的，这些都发生在小行星毁灭最后的大型恐龙之前。

（Yucatan）海岸处发现了一个可能的殒击坑，所以小行星撞击假说还获得了额外的支持。虽然一些良好的地质证据显示，晚白垩纪火山事件导致了恐龙走向灭亡，当你认真思考这件事时，小行星撞击假说仅仅是十分迷人罢了①。一块巨大的岩石猛烈撞击地球并导致全球生物大灭绝和大混乱……那真是一件夺人眼球的事件。如果真的有明确证据表明，在白垩纪末期的确有一块巨大的岩石猛烈撞击了地球，让我们不要忘记至今仍然无法清楚看到这个破坏所达到的真正程度。说实在的，我们可能永远不会知道最后的暴龙究竟是死于小行星撞击还是因为吸入了有毒的火山气体，亦或是它吃下了有毒的花朵，被一只蜜蜂蜇了，感染了禽流感，或者仅仅因为自然衰老而死在了满是鲜花的草地上②。

小行星撞击的真正影响根据撞击地球物体尺寸的不同会有变化，但其潜在的影响将是毁灭性的。在撞击地球时将会产生爆炸、碎片、热量和有毒气体。一个真正严重的影响将是产生大量大气悬浮粒子，这些浮尘会遮蔽阳光并引发全球气候变化。如果真要说可以学到什么教训的话，或许就是：与二叠纪末大灭绝相比，全球性灾难看起来再次对大型陆地生物以及海洋生物产生了严重的影响。一些昆虫（和植物）在白垩纪末

① 最近，在印度德干玄武岩（Deccan Trap）熔岩床的研究使得火山再一次引起了公众的关注。这些火山喷发可以追溯到近白垩纪末期的大灭绝时期，其规模足够大到引发全球气候变化和可能的灭绝事件，尤其是在海洋生态系统中。这并没有反驳白垩纪末期小行星撞击地球所造成影响的重要性，但它表明了多种原因导致在那之前恐龙就开始减少了。

② 然而，小行星撞击假说把我们的吸引力集中到大块陨石偶尔会撞击地球，并可能长久地影响生命的形式这一事实上。一些古生物学家多年来为属种多样性绘制图表，并注意到白垩纪末和二叠纪末的灭绝事件并不是仅有的两次，它们仅仅是最大的两次。大灭绝事件似乎是周期性的并会在某个周期中重复出现。平均来说，似乎不同强度的灭绝事件每 2600 万年发生一次。诚然，这可能仅仅是一个巧合，但它促使科学家思索这样的事件是如何出现以及为何会重复出现。占主导地位的概念是地球会不断被小行星撞击，万有引力会影响它们稳定的运转轨道以及彗星的轨道，周期大约是每 2600 万年出现一次。或许要么是一颗遥远的小行星，要么是拥有一个宽泛的 2600 万年轨道的暗色恒星，每当它经过我们的太阳系时就会扰乱我们。

期完全消失了，但与二叠纪末大灭绝不同的是，没有任何一个目的昆虫出现了灭绝。一些种类数量减少了，但多样性却在接下来的几百万年中增加了。我们只需要环顾一下我们周围的现代世界，昆虫与显花植物、鸟类，甚至是小型似鼩鼱的哺乳动物（偶然演化出我们的动物），都努力在小行星撞击后继续生存下去。即便是在最悲惨的日子里，生命依然是具有强大的坚韧性和复原力的，尤其如果你是一只小小的六足虫虫。

白垩纪的世界是一个充满鲜花、草地、蝴蝶、蜜蜂、鸭嘴龙和鸟类的美丽地方。突然有一天，这样的美丽被一颗猛烈的小行星所打断。我们不能肯定那些大型恐龙是否在那一天死亡，或者苟延残喘了几年或数百年，但我们可以肯定的是大约6600万年前，在北美的某个地方，最后的暴龙确实死去了。从肺部呼出最后一口气后，雷龙之王便不复存在，附近一些甲虫和蝇类有可能是以它壮烈牺牲的身体为食的。对我来说，这一死亡超过了任何的小行星撞击，是中生代时代结束的最佳象征。

10 . 新生代的深思

凌晨 1∶05 分。基多（Quito）的噪音：汽车发动机的嗡嗡声、喇叭声、人们交谈、高呼、吹口哨、叫喊的声音、汽车发动声、汽笛声、飞机呼啸而过的声音、街道上出租车固定节奏的杂音、摩托车加速的嗡嗡声、警察的警哨声、汽车警报声等等。

来自我的野外日记

基多梦幻曲

单行车道上
出租车上成对的深红尾灯
连起一片律动的光线
向大街的右前方流去

如同动脉血管中的红细胞

午夜时分的干道上挤满了汽车

首尾相接

在一点半后终于松动开来

一公里外的地方

红色的尾灯光在黑暗中闪烁着 簇聚着

慢慢地 停停走走地

往右一转 便消失在夜色中

几公里之后

夜色渐深

但站在安第斯山上

却可以看见那如繁星般闪烁的家庭灯火

和城市街道延展的光迹

在一片琥珀色和白色中

偶然跳动的暗红色

和打动人心的亮蓝色闪亮着 零星地装点着山坡

这些人类的光点并不是繁星

但它们却与星辰那么相似

要不是为了给宽阔的银河让道

它们大多会排成细细的长条

然而 远处 最远的地方

迢迢灯光在高高的山坡上

稀疏地分布

如不同角度的神秘星座

七个上 两个下 三个从中间横穿过

头顶上的夜空却恰恰相反

一颗星星也看不见

那些灯光之间的距离

在安第斯山脉浓密的雾霭中

暗淡消失

而汽车所释放的烟霾

和城市中反射出的淡红色光芒

就像星际间的大气云团

漂浮在宇宙里即将到来的黎明中

写于厄瓜多尔，基多，里约亚马孙酒店

在我宾馆房间的外头是基多扩张的城市，包裹在安第斯山的葱茏之中。所有这些都全然提醒了我现在是新生代，我们最近的一个地质年代。在最后的6500万年里，构造作用将安第斯山抬升，最终改变了南美洲河流的流向并创造了亚马孙河流盆地。现代新热带区最为多样的植物和动物也塑造了新生代的特点。我正和我的学生在厄瓜多尔的亚那亚库（Yanayacu）云林中，这是世界上物种最为丰富的地区之一，搜寻珍贵的未见过的和未发现过的微型昆虫。然而，基多这个城市的喧嚣提醒了我另一个十分重要的新生代事件：那就是人类的演化出现。

对我们的起源以及我们对这个星球所产生的影响进行评论是否有必

要呢？我可能一点也不屑于去写这一章。你可以看到，从我作为一名昆虫学家的独特观点来看：哺乳动物的近期历史与昆虫深厚的历史相比，实在是小巫见大巫。我们已经看到后者是在数亿年前就开始出现了。然而，这里是有关我们故事的浓缩版本：一天，当晚白垩世的尘土，导致恐龙灭亡的小行星沉降下来，地球也恢复它的生物节律，一些幸运的似鼩鼱的哺乳动物——食虫类，在舒适的落叶层中抢夺捕捉美味的蛆虫。它们大约是1.5亿年来，第一次没有被恐龙捕捉，终于从恐龙牙齿的束缚中逃脱出来。这些小型、被毛、具奶头和产奶的啮齿类开始蓬勃发展，其中一些早期似狐猴灵长类占据了树林。它们仍然是食虫的，但一些可能扩展了它们的食谱并开始食用植物果实和其他的植物部分。因此数千万年来，我们的祖先一直在树枝间攀爬，以虫子和植物为食。然后在500万－1200万年前（中新世时期），东非地区的气候发生了改变。我们从花粉化石记录中得知那个地区的森林开始逐渐减少，而草地则广泛分布。我们猜想一些树栖灵长类爬下了树木，在地面上进行觅食，于是就变得更为杂食了。

由于在人类许多的文化中仍然是喜爱食虫的，可以推测我们高度杂食性的人类祖先也应该如此[①]。它们可能就像与我们亲缘关系最近的黑猩

① 最古老的人科动物化石是地猿始祖种（*Ardipithecus ramidus*），发现于埃塞俄比亚的阿尔法裂谷地区（Afar Rift），估计大约有440万年的历史。它的骨骼解剖学特征显示它是生活在树上的，有以植物为主的饮食习惯，而且可能具有二足行走的能力。东非地区360万年前，已经确定有二足行走的原始人类了，这是由坦桑尼亚的拉多里（Laetoli）足迹化石所证明的，火山灰中留存有两个个体的脚印。南方古猿阿法种（*Australopithecus afarensis*）是一个矮小的只有3.5英尺（约1米）高的原始人类，它于320万年前演化出现，并以著名的露西骨架而闻名于世。到250万年时，东非地区已经存在大量以南方古猿阿法种（*Australopithecus africanus*）为典型的原始人类，之后在200万年时又出现了南方古猿鲍氏种（*Australopithecus boisei*）。晚期的种类具有平坦的臼齿，可以推测它们已经很好地适应了对植物食物的磨蚀。不久后，卢多尔夫智人（*Homo rudolfensis*）演化出现，他被认为是我们智人属中最古老的种类。150万年前，直立人（*Homo erectus*）出现了，从非洲地区的迁徙也被认为从此时开始。在大约50万年前，现代人（*Homo sapiens*）和尼安德特人（Neanderthals）演化出现并共存。

猩一样，依靠虫子提供蛋白质。在某一时节，黑猩猩可以花费一天中的7个小时来吃白蚁，它们会扯下一颗草茎并将其插入白蚁的巢穴入口，再将它们钓出来。白蚁会咬住草茎，然后被轻易拽拉出来并被吃掉（它们就是一根沾满蛋白质颗粒的棒子）。用草茎来钓食可能就是灵长类使用工具最简单的形式了，而且我们也能推测人类的祖先与黑猩猩共享了这一古怪的行为[①]。在我看来，人类使用工具、精细运动、手的灵巧度和最终人类文明崛起的起源，都深深植入了祖先吃虫子的日常饮食中。我们可能要把我们的存在归功于社会性蟑螂。如果白蚁的数量没有那么多，那么灵长类还会爬下树木吗？对此我表示怀疑。

新生代常常被称为哺乳动物的时代，你应该可以猜到这是为什么：因为是我们在讲述这个故事[②]。当人类发现了他们自身的演化历史后，自我实现实在是太多而让我们无法承受。在这里我们没有被当作统治地球的偶像而崇拜，反而是自一个漫长的随机且迅速的事件中出现的，这是一个值得我们深思的问题。

如果寒武纪的捕食性节肢动物，当时已经将我们迟缓的祖先皮卡虫全部捕食殆尽的话，那么现在将会怎么样？如果奥陶纪的捕食性海蝎、三叶虫和鱿鱼，已经把当时所有的早期鱼类全都吃掉的话，那么现在将会怎样呢？如果那些快跑的志留纪和泥盆纪蝎子、蜈蚣会拼命阻挡任何想要登陆的脊椎动物的话，那么现在又会是怎样呢？如果石炭纪巨型格

① 我们科学的哲学依赖于简约性或简单性，是为了挑选出一个优先的假说。如果猿类和人类会使用工具，最为简约的解释就是：它们二者都是从我们的共同祖先那里继承了这一行为方式。当你想到猿类和人类都是从食虫的树栖灵长类演化而来时，这是很有意义的。一个更为复杂，也更不可能的解释是工具的使用是在这两个类群中分别演化出来的。

② 如果大型恐龙在白垩纪末的小行星撞击后幸存了下来，那么它们会替代我们，也会进化出一个具意识的大脑袋（以及恐龙的自我意识），或许我们会把最后这6500万年称为恐龙文明时期。

里芬蜓的水生幼虫，杀光了所有居住在池塘里的两栖类幼体的话，那么现在又会是怎样？如果二叠纪原哺乳类正是那时大灭绝的牺牲者之一，那么现在又会是怎样呢？如果在中生代恐龙统治地球的几百万年之中的任何时候，那些具有尖牙利齿的捕食者尽可能抓住并吃掉最后的小型哺乳动物的话，那么现在又会是怎样呢？如果白垩纪小行星没有撞击地球，恐龙依然统治着陆地的话，那么现在又会是怎样呢？

在每一种情况下，答案都是一样的：只要事情发生得稍有不同，人类可能就完全不会站在这里了。事实上，我们在这里能思考这些事情真的挺了不起，但是显然这并不是必然要发生的。我们通过称新生代为哺乳动物的时代，来大大增强我们脆弱的人类自我意识。然而，哺乳动物实际上只是生命历史上一个没有希望的侧边栏。新生代的世界仍然是由昆虫和显花植物所主导的。通过聚焦于哺乳动物，我们把注意力从最近这个时代我所见到的真正成功的故事那里转移了过来：那就是热带森林生态系统的起源和复杂性，以及昆虫在其中的统治。

50 个绿色阴影

来自我亚那亚库日记的内容：

我们生活于热带生物多样性的时代。新生代地球上的热带森林充斥了数十种显花植物和数百万种昆虫。现在，我可以在这个宏伟的生物多样性世界中待一周。亚那亚库森林与基多的街道景色形成了鲜明的对比。这里，在云雾森林深处的隐秘时刻，你可以想象一下如果人类从未到来的话，这个世界可能是什么样子。在亚那亚库的每一天都会下雨，尤其是在午后和深夜，雨点重重敲打在研究站的锡质屋顶上，听起来很像怀俄明的冰雹掉落在我破旧的小型货车的金属车顶上。现在是一个安静晴朗的下午三点左右，从研究站顶楼的有利位置，我可以看见环形的山谷和安第斯山东部草木丛生的潮湿山坡。水在岩石上流过和从狭窄通道涌出的声音，到处溢出和飞溅到叶子上的声音，这些沿着溪流发出的各种声音都不可磨灭地印刻在我的听觉记忆中了。水在亚那亚库是到处都有且时时存在的，以至于那条研究站的狗就叫雨。即便是在雨天，那张黑光诱虫布也能在夜晚吸引数千只飞蛾。早晨，它们覆盖了整个窗户和走道。亚那亚库超级多样的飞蛾种类，可以与地球上的任何地方相媲美。

在亚那亚库溪流步道下的远足，是欣赏新生代热带生物多样性的一个很好方式。步道沿着溪流蜿蜒前行，并多次与之相交。有时我们要从光滑的苔藓石头上穿过溪流，或者从冰冷的山泉中涉水蹚过；有时我们要像杂技演员一样，穿过散放在寒冷峡谷中覆盖着藻类的黏滑树木或木板。尤其是在雨天，溪流中水位上涨，你的靴子肯定会被注满冰冷的河水。即便是在步道上也是布满了淤泥，有时路途很危险。在这些水声之外，有时我们还可以听到一种看不见的热带鸟类所发出的尖声和颤音，它们是具羽毛的新生代恐龙中最为成功的，躲藏在密叶间或者高高的森林冠层上。

当湿润时，森林显得尤其郁郁葱葱。即便是在下层植物昏暗的光线下，森林也被茂盛的绿影所装点。从蓝绿色到黄绿色，石灰绿到橄榄绿，草绿色到海绿色，有五十多种绿色调，漫长热带夏季的颜色，苍翠而繁茂。绿色是植物的颜色，生命的颜色：时时都在提醒着叶绿素的存在，它可以允许植物捕捉阳光的能量。绿色时刻提醒着我们，一个离我们最近的恒星就是为我们的陆地生态系统提供这一辐射能量的来源。

对阳光的争夺从根本上塑造了森林的形态。树木长得很高大并将自己上层的树枝形成一个浓密的冠层，以此来夺取最高层的阳光。即便是在正午时分，能够到达底层的阳光也很少。在一个成熟的热带森林中，90%–95% 的阳光在到达地面之前就被植物过滤吸收了。一些下层植物长出了巨大的叶子，可以长到好几英尺宽，就是为了尽可能吸收过滤下来的阳光。年老的树木倒下后在森林里形成了狭小的缝隙，更大强度的阳光会迅速到达这一表面。年幼的树木，会从可以为种族延续集中提供营养的巨大种子中迅速发芽。其中大部分被缠绕住了，缠在依附的藤蔓上试图完成同样的旅行。对于阳光、速度和营养的竞争是很激烈的，只有少量幼苗可以生存并长成年老的参天大树；矮小的附生植物，比如兰花和凤梨科植物，我们无法期待它们能与参天大树竞争，所以，它们就站在了巨人的肩膀之上：通过生长在叉枝上，它们可以更接近上方珍贵的阳光。这些附生植物的密度和重量最终会变得十分大，对于有巨大的苔藓和兰花着生的树枝来说是比较容易断裂的，它们最后会坠落到森林地面之上。

沿着溪流步道分布的树木巍然高耸，就像一座绿色教堂的支柱，这是生命的教堂。基多是由已经有数百年历史的人造大教堂组成的，但我更喜欢数百万年历史的自然森林教堂。所有的树木都被凤梨科植物、藻类、真菌和苔藓覆盖得严严实实，近距离观察，几乎所有的原木表面都与志留纪时期溪流边多藓的海岸线极为相似，这个微型植物群落就是昆虫最早的陆地起源处。这些苔藓依然爬满了马陆、蜈蚣和微型无翅昆虫，正如它们在晚志留世和早泥盆世一样。沿着森林下层的小径是 10 英尺（约

3 米）高向外舒展的树蕨，它们是古老的幸存者，让我们回想起了真昆虫首次出现的泥盆纪森林，不久后它们就长出了最早的翅膀。

在这一高海拔，很容易想象并赞同关于昆虫翅膀起源的太阳能板假说。这里的高地、森林阴影和无处不在的水，共同协作在日间的空气中形成了明显的寒意。而夜晚就显得更加寒冷。通过高大的树蕨，我看到了泥盆纪时期的昆虫在上层叶片上晒着太阳。我们在今天还可以看到它们中的一些：在原木和石头上生活的石蛃类弹尾虫，以及生活于腐烂原木和落叶层中的原始无翅双尾类昆虫，它们仅仅是对古老幸存者做了稍稍改变的现代类型。

在一个溪流的岔口停顿了一会儿，我看见高大的树木拱悬于小河之上；一场暴雨，将小河被侵蚀的一岸冲进了流水中，河水中充斥着腐烂的物质、藻席、木头碎屑。我逗留在此沉思着石炭纪时期，想象着淹没在古老水道中的大量植物组织。在亚那亚库，你可以触摸、嗅闻以及感觉到这些腐烂植物，可能还能获得一堆暗色单宁酸着色的、适合形成化石的淤泥，只要那些昆虫、蠕虫、藻类和细菌没有提前溜进去就行。我们很容易在这一海拔处想象石炭纪的森林，因为这里太高没有太多白蚁，倒伏多藓的木材深深堆积了起来。与石炭纪时期一样这里没有白蚁，亚那亚库被暴雨破坏的树木总是不停地往下滴水，并缓慢地被细菌、藻类、真菌、地衣，甚至是巨型热带蚯蚓所侵蚀。我的煤炭沼泽幻想曲被一只沿着溪流边飞行的豆娘打断了，它提醒着我们石炭纪昆虫演化出了大型翅膀并可以飞行了。真正的豆娘会短暂在一片蕨叶上停歇，直到被一滴雨点打断为止，它继续向上游飞去了。我从石炭纪的遐想中回过神来，继续向着坡下艰苦跋涉。

当我们沿着小径前行时，我进一步注意到：亚那亚库云林就是由过去的幸存者所拼凑而成的。我们可以看见二叠纪的脉翅类、草蛉和甲虫的现代亲戚；我们还看到中生代叶蜂的后裔和带羽毛恐龙的曾曾侄孙仍然在树顶上掠过，并吱吱叫个不停。但白垩纪的创新者，社会性胡蜂、蚂蚁、花朵，尤其是外部进食的毛虫，正热情地迎接我们。

在淤泥中短暂滑行，就像一个沉闷的太极大师一样，我本能地保持住了平衡，并从中生代的白日梦中回到现实，继续着新生代的幻想。我们紧跟着的河道，现在是顺着新生代时期抬升的斜坡延伸的。冰冷的河水朝着亚马孙盆地汩汩流淌着，但那里并不是我们的目的地；在安第斯山的东部斜坡上，昆虫会来到我们身边。在几百万年中，亚马孙的昆虫种类大量迁移到了高地并适应了那里凉爽的气候。

我的目的地是在溪流步道底部的森林中。我怀揣着相当大的期待和兴奋抵达那里。充满期待，是因为两年前在这附近，我的研究生安德鲁·汤森（Andrew Townsend）偶然获得了一个胡蜂新种的标本，它属于微型寄生蜂群落并成了我生命中的研究重点。安德鲁在那时并没有意识到他的这一发现，但不久后当我们在遥远的怀俄明实验室的显微镜下研究这些标本的时候，我在他的样品中发现了这个胡蜂新种。我很兴奋是因为这件标本不仅仅是一个新种，一个或许从未被人们发现过的品种，更重要的是它也是一个全新的属。

我已经回到我的研究小组来共同搜寻更多未被发现的昆虫种类。我希望能寻找到这个新属的更多标本，这样我们才能更好地弄明白它的内部变异情况，但我知道这一任务是令人望而生畏并很难成功的。在厄瓜多尔云林中寻找一只罕见的 3 毫米长的胡蜂，比在干草堆里寻找一枚针还要难得多。如果有那么容易就好了。

我们需要弄清楚这一胡蜂精确的采集地点和时间。我们知道一个简单的采样方法就可能起到作用：黄盘捕捉，这正是安德鲁之前采集胡蜂所采用的方法。亮黄色的塑料碗被放置在森林的小径上，这些碗中填满了淡肥皂水（在这一情况下我放入了表面活性剂，也就是你平时为了去除水渍而在洗碗机中加入的东西），它可以用来降低表面压力以便让这些微小的昆虫可以更容易地落入液体中。飞行昆虫会把这些荧光黄碗看作森林地面上的亮点，因为它们大多会被这种颜色强烈吸引，所以它们便直接跳进去了。在像怀俄明州这样干燥的气候中，碗中的水会迅速干涸并需要重新装满。但是，亚那亚库云林中时时存在的雨滴会让它们一直保持填满状态。你只需要频繁巡视碗盆去捡拾其中的昆虫标本，或者用细孔网将它们筛选出来就可以了①。安德鲁放了 20 个碗，然后发现了一块珍宝。我在同样的小径上放置了 200 个碗来加大筹码，提升保险性。然而这一方法能够再次起效吗？令我担忧的是，很可能我一生所要搜寻的昆虫大多数时间都生活在高高的森林冠层。我可能就在数量众多的它们之下徒步旅行。或许，两年前一只这样的胡蜂恰好盯上了地面之上的一个黄点，便飞下来一探究竟。想再次见到它们，或许要等上几十年。

成体寄生方式（imagobiosis）的崛起

我的担忧虽然很现实，但被证明是毫无根据的。在 4 天的辛勤工作

① 如果这个简单的淘洗昆虫金子的方法，被著名的昆虫学家卢博米尔·马斯勒（Lubomir Masner）提倡并完善了，那么它会对取样微型膜翅类昆虫（微型胡蜂）起到相当好的作用。

后，我们设法找到了这一新种的又一只标本，到了周末我很开心又发现了 3 只。野外研究站的经理约瑟·辛巴纳（Jose Simbaña）每周也有 10 天在经营着黄盘陷阱：他的陷阱样品是由装满了几万只浸在酒精中的微型昆虫的小罐子构成的。白天我们检查黄盘，而夜晚我们在实验室中工作，一次筛选一勺约瑟的样品。晚上我们在显微镜下观察了许多样品，所以，我一闭上眼睛就看到样品盘中漂浮着昆虫的滞留景象。在这周的一开始，我开玩笑说如果我发现了我的胡蜂，那每个人都肯定会知道，因为我会大声喊出“找到了”（Eureka）！当我最终找到一只时，我已经身心疲惫，我能做到的只有小声低语“找到了”。我估计，我们所认出的每一个胡蜂新种就在我们看着的这 1 万多种昆虫中。为什么某些昆虫的数量会如此之多，而另一些昆虫却极其稀少？

对于不同的昆虫种类来说，影响它们种群水平和相对丰度的行为特

图 10.1 一只独居的雄性寄生蜂，汤森纳波蜂（*Napo townsendi*），正栖息在厄瓜多尔亚那亚库云林的一片树贼莞（*Dendrophorbium*）的叶片上。（安迪·库里考斯基 [Andy Kulikowski] 拍摄）

征也是不同的。在亚那亚库这样的森林，最为常见的昆虫就是蕈蚊了。这些微小蚊蝇的蛆虫是在森林地面上的大量腐烂树叶中长大的。到处都是蚊蝇，它们发疯似的一头栽进黄盘中。如果你想的话，一早上你就可以采集到几百只样本。其他昆虫比如蚂蚁，是社会性的，因此要采集大量的样品并不困难。

另一方面，我的胡蜂新种是属于一个很大的微型胡蜂类群，优茧蜂亚科（Euphorinae）的独居性昆虫①。它们也是一个特殊的寄生种类，不寻常的生物学特征导致了它们的稀缺：它们以不成熟的状态在其他成年昆虫（如甲虫、蝽、啮虫、绿草蛉、蚂蚁、蜜蜂，甚至是寄生蜂）体内居住并取食，这是一种我称之为成体寄生的复杂寄生方式。对所有昆虫

---

① 自从我写了这一章后，我又先后 5 次回到厄瓜多尔，并持续研究我那神出鬼没的新种胡蜂。我对于这些新属新种的描述发表于 2012 年 5 月份的《国际热带昆虫研究杂志》（*International Journal of Tropical Insect Research*）上。因此，这些生物现在都有一个正式的科学名称了：汤森纳波蜂，这个属名是根据它生活所在厄瓜多尔的一个省而命名的，而种名是为了纪念安德鲁·汤森，他是我的学生，第一个发现这种胡蜂的人。2012 年 5 月，在我研究成果发表的同时碰巧我就在厄瓜多尔，我很兴奋我是第一个亲眼看到一只活着的、刚刚命名的汤森纳波蜂的人。我应该在 2010 年 6 月就提到这个，我的同事尼娜·孜塔尼（Nina Zitani）博士是第一个目睹这种活着的，虽然没有被命名的物种的人，它就栖息在小路边的叶片上。

虽然仍然很罕见，但我们已经发现雄性应该能够在树贼蒄苗木的叶片上被找到。我假定雄性胡蜂会使用这些精选的叶片作为平台来吸引雌性。在 2012 年 5 月到 2013 年期间，与我的同事卡斯珀大学的威尔·罗宾逊（Will Robinson）博士和我的研究助手德利娜·巴尔博萨（Delina Barbosa）、安迪·库里考斯基（Andy Kulikowski）一同，我发现雄性纳波蜂所展示出的一系列预期性行为，显示它们可能使用性信息素来标记树叶并吸引遥远且稀少的雌性个体。威尔发现雄性会对某一种树叶展示出极度的忠诚，常常会在同一片树叶上花费几天的工夫或在短暂飞走后又返回同一片树叶。在阳光明媚的早晨，雄性会梳洗干净，首先在其腹部末端摩擦后足，然后在翅膀的上下表面擦洗。当雄性在清晨或傍晚时分休息时，它们通常会收起它们的翅膀，但在梳洗完毕后又会立即把它们的翅膀以 45° 角向外展开。我们已经假设，这一翅膀姿势是将信息素转移到翅膀表面的一种呼唤行为。后来在 2012 年的夏天，我向唐纳德·奎克（Donald Quicke）博士寄送了一枚雄性标本，他是伦敦帝国理工学院寄生蜂腺体方面的世界级专家。他对腹部进行了解剖并记录，在其后侧靠近尖端确实有一套独特的腺体，正好是在我们所预料的地方。

雌性纳波蜂是相对稀少且神出鬼没的。在四年里，我们仅仅短暂地目睹过 10 次，而且是当它们正在交配时。我们一直在研究汤森纳波蜂，用照片和视频记录它们，但我认为在理解这些稀少且分布广泛的微型昆虫是如何在森林中寻找彼此方面，我们已经取得了很大的进步。

种群来说，成体昆虫与卵或幼虫相比都是最不丰富的生命阶段，因此，要找到它们比较困难。一只成年昆虫会全副武装，还可能通过撕咬、踢撞或者喷吐化学物质来保护自己。它完全是可移动的，因此，如果所有方法都失败了，它还能逃跑或者飞走。成体寄生方式[①]究竟是如何演化来克服这些障碍的呢?

在之前关于寄生方式的讨论中，我们谈到过将毒液注入寄主体内的专有寄生方式，这会致使寄主永久瘫痪。专有寄生生物趋向于攻击嵌入植物组织或木材的寄主（因此几乎是在第一时间移动的），改变它们已达到不让它们再移动的效果。在侏罗纪时期首先演化出现时，这一策略对于居住和取食来说都十分成功，对于数万个现代寄生蜂种类来说它仍然十分有效。但专有寄生生物在产卵时却令人悲哀地缓慢：它需要在密实的木头上钻一个孔，插入产卵器，然后找到寄主甲虫，注射麻痹毒液，产一颗卵，最后从植物中收回产卵器。专有寄生型胡蜂显然无法直接攻击活动的成年昆虫。在胡蜂完成上述事情之前，一只成年昆虫就会感到厌烦而飞走了。对成年寄主麻痹能力的演化还需要联合寄生方式的配合。

你或许还能回想起联合寄生是一种在更暴露、更丰富且更灵活的寄主体内产卵，且幼虫的发育要一直延迟到寄主变得更大时才发生的寄生方式。由地球森林中数千种胡蜂所采取的更为现代和普遍的寄生方式，使得联合寄生生物能够成功地寻找和食用范围更宽泛的昆虫种类，尤其是在植物上觅食的年幼毛虫。由于它们倾向于攻击暴露在外或者仅仅浅

① 如此来命名成体寄生生物，是因为严格来说它们的成年寄主昆虫是处于成虫阶段的。基于琥珀化石的证据，我们得知它们至少在5000万年前就演化出现了，使得它们的出现和多样化成为新生代一次引人注目的事件。

藏在植物组织里的昆虫，联合寄生型胡蜂演化出十分迅速的产卵能力。其中一只胡蜂会跑向一只毛虫，用它佩剑状的产卵器刺入毛虫体内，并在几秒内就产下一颗卵。这一突击为成体寄生做好了准备。

成体寄生的优茧蜂类甚至演化出更为迅速的产卵能力。它们飞向或跑向其成年寄主，通过寄主的表皮把它们锋利的产卵器塞入外骨板之间或者其肛门之内；接着大力射入一颗卵，这一切全都发生在一眨眼的工夫。一只成体寄生型幼虫一旦发育完成后，一般会杀死寄主并在几周后破茧而出。

无数的虫虫在森林中行进

为何一只昆虫要煞费苦心地在另一只成年昆虫体内生活呢？何时出现了这么多行动不便且易于攻击的毛虫和其他易于食用的柔软虫子呢？别忘了在 5000 万年前，异常多样的未成熟昆虫一直在植物上取食，或许比以往任何时候还要多；然而，专有寄生型和联合寄生型胡蜂都同等成功，以至于它们总是可以与那些植食性的寄主相竞争，并通过寄生的方式轻松击败它们。我们如今也能在像亚那亚库这样的森林中看到这一斗争，那里的任何一种毛虫都可能拥有多达 10 种或 15 种不同的寄生虫。但当成体寄生生物一起开始攻击成年昆虫时，没有其他种类的生物可以在寄主体内与它们来竞争这些可获得的食物了。入侵这一全新适应带的结果是成年拟寄生生物发生迅速的多样化。

当生物开始进军之前未被占领过的栖息地时，这些极难得的机会有时会允许大量新种的演化出现，这一现象被称为适应辐射。新生代的地球恰好提供了几个很好的例子：哺乳动物在原先被恐龙占据的栖息地中辐射演化，显花植物和传粉昆虫的辐射演化，植食性毛虫在新的显花植物上辐射演化，附生植物尤其是兰科和凤梨科植物向森林冠层结构复杂性的辐射演化。鸟类、哺乳动物和两栖动物的辐射演化是对昆虫多样性和新栖息地可得性的响应：例如凤梨科植物叶片积水池的出现，为蛙类和水生昆虫提供了新的栖息地。昆虫与结果植物的崛起，促进了蝙蝠这一独特的哺乳动物新类群的多样化。蝙蝠和其他哺乳动物以及鸟类的演化为许多新型寄生昆虫的辐射提供了栖息地，尤其是鸟虱和兽虱以及跳蚤。蝙蝠身上没有虱子，但是这一栖息地却被另一个新的群落所占据：寄生蝠蝇。新生代的历史总体上教会我们一个有关热带生态本质和生命本质的简单道理：多样性会促发多样性。当各个物种生活在一块并相互作用，那么各式各样的新型行为模式也演化出现了。随着时间的推移，更多的种演化出现，生物多样性也似乎变得更为复杂有趣了。

适应辐射并非是专属于新生代时期的。回顾生命的历史，我们已经看到一些诸如自然选择是如何驱动生物演化，新生物是如何多样化地占领空缺生态栖息地的伟大例子。前寒武纪时期向我们展示了微生物向营养丰富海洋的扩张。在富含氧气的寒武纪，可以看到多细胞呼吸生命的辐射演化，这导致了海洋中充斥了许多具外骨骼的动物；志留纪向我们展示了动物们为应对臭氧富集和滤除刺眼的太阳辐射，而向陆地进军的情景；志留纪的植物和动物逐渐向海岸线栖息地迁移，并创造了地球上第一个陆地生态群落；泥盆纪时期出现了陆生植物向内陆和远离海岸线的高地扩张演化，以及随着植物群落一同多样化的昆虫；石炭纪时期向我们展示了具翅膀昆虫的迅速攀升和进军天空的壮举；二叠纪时期是以具复杂变态发育方式的昆虫爆发式的演化为特征的，它们进入了众多未被占领的栖息地。二叠纪也向我们展示了生命历史中的一个重大挫折。然而生命，尤其是昆虫证明它们自身至少长期来看是具有强大的复原能力的。

回顾昆虫的历史和观察它们稳步增长的多样性是很诱人的。如果我们将要绘制随着时间推移的历史图卷，从 4 亿年前第一批真正昆虫的起源开始一直到如今，我们的走向线会从 1 种升至 700 万种，这只是现在保守的估计，真实的数量可能要多得多。根据特里·欧文（Terry Erwin）的估计，或许可以达到 3000 万 –5000 万种。那应该比较接近昆虫真实的种类总和，但真正的模式不会是完美的线性，因为并不是所有的种都以同一效率演化出新种，正如我们所看到的，有时灭绝会发生。二叠纪末灭绝事件比白垩纪末灭绝事件对昆虫多样性的影响更为巨大，因此那个时期种数的减少很可能是迄今为止最大的一次衰弱事件。我们无法确定每个地质时期确切的种数，正如我们无法确定如今生物的数量一样，而且化石记录是非常不完整的。但从 1 到 700 万这一趋势线让我们粗略了解到在过去的 4 亿年中，昆虫究竟完成了什么。

不寻常的灾难

想到我们居住在昆虫多样性，以及其他生命形式都达到其最高水平这样一个特别的时期，也是十分诱人的。而我们必须考虑到生物多样性的巅峰在新生代的早些时候已经达到，大约在 20 万年前，人类还没有广泛地改变这个星球之前。为了评估我们对于昆虫的影响，需要简略地反思我们的故事。到 20 万年前，我们可能就开始通过火的使用和捕猎行为而影响了物种的多样性。随着大约 1 万年前农业生产的出现，我们就更为深刻地改变了自然景观。不久之后，就是接踵而来的城市和战争，自然资源的消耗无疑会以牺牲一些小型植物和动物为代价，尤其是分布范围狭窄的昆虫。在最近的 400 多年中，工业革命的到来和医疗水平的进步加速了人类种群数量的增长，也进一步加深了我们对自然界的影响。在最近的 100 年中，我们逐渐开始认识到人类正在造成许多动植物大灭绝的发生，或者说是造成灭绝的威胁，我们不仅仅是通过传统的捕猎活动，更严重的是将我们的栖息地向自然界不断扩张。

我们正生活于另一次大灭绝的危机之中，这是由于对热带森林的迅速破坏而引发的，这里已经发现了绝大部分的生物多样性。自从 20 世纪 80 年代末开始，这里就被冠以“生物多样性危机”的称号，这是一个被爱德华·威尔逊（Edward O.Wilson）所推广的术语。我们现在认识到地球上的许多生物资源都处于严重的危机之中。昆虫种类，尤其是生活在热带地区不常见的和稀有的类型就处于灭绝的边缘，因为它们大多具有狭窄的地理分布并占据小而高度脆弱的栖息地。90 年代发表的一项研究估计微型昆虫灭绝率可能高达每小时 1–2 个种。灭绝物种的绝大部分都是很小的，而这些小型物种甚至从来都没有被研究和命名过。

在我们有生之年所估计灭绝的物种中，地球上生物多样性中的一大部分可能就永远消失了。当然，在遥远的过去发生过多次灭绝危机以及许多更小的插曲。但在生命近 40 亿年的历史中，一次大灭绝事件第一次是由一个单一的全球分布的物种智人（*Homo sapiens*）所造成的。热带森林可能是受影响最为严重的地方，但我们的影响是如此的无处不在，以至于我们几乎改变了地球上所有的栖息地。

有人可能尝试着对这一处境做出合理的解释，想着地球上有数百万种昆虫，因此为何其中任何一种灭绝了有这么大的关系？一些人或许会想，谁会关心是否有一种苍蝇或蜜蜂灭绝了，是否那种苍蝇或蜜蜂属于一个还未被登记的种类？然而如果那种苍蝇或蜜蜂，或胡蜂，或甲虫是一种附生植物的唯一传粉者会怎样？这种昆虫的消失可能导致随后相关植物的灭绝，还会影响到其他依赖于它们的昆虫。去除关键性物种会引发其他物种灭亡的模式，称为瀑布效应（连锁反应），这是一个被记录在生态学文献中的真实现象。

我们应该记住每一种生物都是独一无二的。每一个种都填补了一个独特的生态空缺，每一个编码基因都有着其他物种身上所没有的特性，其中一些特征会在经济上对未来的人类有潜在的好处。昆虫可以是油类、纤维、蜡类、香水甚至是食物的来源，可能有几百万个物种可以吐丝，但仅有少数几种被驯化并用于商业用途，未发现的一些昆虫或许能够被生产为药品来治疗人类的疾病。即便它们存在的话，我们也无法轻易飞到另一个星球上去寻找新的有用物种，所以，不是去询问我们是否应该关心昆虫的流失，而是我们应该去问一个更有意义的问题：当我们彻底摧毁了在我们有生之年都永远无法被替代的潜在有利资源后，我们如何才能证明现在发生的大灭绝是正当的？如果我们能够停止破坏栖息地，许多昆虫就可以生存下去，而且许多新的物种也可以在不远的将来演化出现。而傻傻地等待所有这一切的发生是不明智的，我们应该尽一切可能去保护所有的现存物种，并期待着能够最终发现它们的潜在价值。

即便抛开实用性角度来看，仅仅因为它们的存在，现生物种也是十分有趣的。昨天，我与 6 个学生在亚那亚库云林进行了短途徒步旅行，结果在不到 10 分钟里我们就发现了一个我一直在研究的伊拉塔蜂（*Ilatha*）新种，它会攻击生长在黄色紫菀属植物黑药菊（*Munnozia*）上有毒的黑珍蝶（*Altinote*）毛虫。一个小时的时间里，我们就找到了这个新种胡蜂的 18 件标本，我们花了 15 分钟来观察和拍摄一只雌蜂尝试将卵产在一只毛虫体内。最后，这一特定种类是否曾有利于人类，已经完全不重要了。此外，格外吸引人的是所发现的这个新品种，是一项招募未来一代生物学家的有力教学手段。现在去教育年轻的学生了解生命的多样性，比以往任何时候都更为重要，尤其是自从现生物种的灭绝速率比生物学家所命名新种要快得多的情况下①。

一方面似乎很讽刺的是，太多数人都热衷于为了新的生命形式而期待开拓更多的空间和其他星球；但另一方面，却对我们地球上本身的未知生命全然不知。请问向火星发射一艘太空探测器，并搜集包含现在已灭绝微生物的古代残余尘土的乐趣究竟在哪里？即便它们确实曾经存在过？得知微生物曾经生活在那里将会是一件很棒的事，但这一发现的实现要等上几十年。发送一个机器人探测器，或者更胜一筹的是派遣一支装备精良的科考队，前往亚马孙盆地森林去探索奇特未知的生命形态，难道不是更令人兴奋吗？如果我们现在不采取行动去发现那些看似无限的新物种，那么在大约 50 年后它们可能就会走向灭绝。公众会惊叹于那些就居住在我们自己小小世界里的“外星”生物，而地球仍然是整个宇

① 以我们现在的速度来算，还要再花 500 年才能把所有的现生物种进行识别、命名和归类。显然我们没有这么长的时间来花费。如果我们能将数字π的位数数到 10 亿位后，那么，为何我们不能继续完成命名与我们共同生存的这几百万个物种的任务呢？如果我们不能，那么我们将没有办法与这些生物交流信息，也无法将同样的生物新信息关联到一起。

宙中唯一被我们确定有生命存在的地方。

天文学家、天体物理学家和宇宙学家发现，宇宙的上万亿个星系是极其复杂和有趣的，他们将这些星系视为宇宙大爆炸的辉煌产物。打开一本宇宙学教科书，你将可能发现最后一章一般是关于星系的多样性，却很少谈到生物的内容。然而作为一名生物学家，我不得不将生命的宇宙视为宇宙大爆炸最为了不起的产物。一只昆虫的解剖生理学特征在许多方面都比一颗恒星的结构和功能要复杂得多。同样的，各种各样的热带森林生物，以及它们生态网络的错综复杂性，比任何星系的物理结构都要更为令人神魂颠倒。

如果星系开始终结并永远消失的话，天文学家和公众一个个地将会十分震惊，尤其是在接下来的一百年中，如果其中一半的数量都将迅速消失不见的话。如果我们发现人类将要对此负责的话该怎么办？如果我们得知一个阻止它们毁灭的方法时，世界会袖手旁观放任我们去消灭星系吗？每个人都应该会惊恐万分，因为我们每天都在失去我们的生物珍宝，这是 40 亿年以来生物演化的生命遗产。保护我们大部分现生物种的任务还没有完成。我们所需要做的就是停止破坏栖息地，并开始以全新的活力投入到研究地球生物学之中。如果在接下来的 50 年中，我们能够推动生物学教育和提高科研经费，我们就能拯救数百万个物种了。好消息是我们不需要建造一艘太空飞船，飞到遥远的星球去探索新的生命形态了；我们仅仅需要订一张前往厄瓜多尔、巴西、秘鲁、印尼或许多其他热带国家的票，在那里的森林中来一趟徒步旅行就可以了[①]。或者，如

---

① 你不需要行驶到如此遥远的距离。如果你很耐心并花费了大量时间去观察，你就可以在你家的后花园里发现新种微型昆虫。我就在我家后院发现过。

果我们还在不断破坏栖息地并加速全球气候恶化，我们就会抹杀大部分仅存的热带森林以及其中各式各样的生物物种。选择权就在我们手中。

当我完成这一章节后，我俯瞰着亚那亚库峡谷，这里可以清晰地观察到斑驳的森林冠层一直到最远的安第斯山东部的山脊。此时并没有下雨，天空是湛蓝色的，缥缈的薄雾从树顶升起，翻腾的白云在最远最高的顶峰此消彼长，就像超大的棉花球。在任何方向上，一望无际的是森林冠层。从高处俯瞰，就像变了色的无尽的花椰菜田。最远处的森林看起来一律都是绿色的，但在近景上我可以看到树木的斑块状分布，每一棵树冠都是独特的，具有自己的形状、颜色和附生植物群落。许多树冠的叶片都是绿色的，但也可以看到黄色、白色、褐色、粉色、橙色和红色的树荫。在我窗外最近的一棵树上，我可以细细欣赏大量各种各样附生的凤梨科植物、苔藓和地衣。仅仅是这个峡谷，就包含了比生存于整个美国东部更多的物种。在我视野之外最远的山峰那边，坐落着位于秘鲁和巴西的亚马孙盆地，这里的物种极为丰富。

随着太阳落下，燕子飞了回来，栖息在我家的屋檐上，星星开始在静谧的夜空中出现。随着夜幕的降临，成百上千的飞蛾开始出现，此时蝙蝠也取代了食虫的燕子而异常活跃。一场暴风雨向远处的亚马孙盆地汹涌逼近，在最远的山脊处上演了一场梦幻闪电秀。然而，亚那亚库峡谷上方的天空依然透彻无比。银河呈现出惊人的澄清和明亮，几个学生安静地坐在屋顶上，观赏着恒星和流星。透过天空中的星星，我不禁惊叹不已：生命真的在其他地方存在吗?

附言：虫虫宇宙假说

没有什么合理的思维可以去假设，在比我们地球更为宏伟的星球上就不会存在与我们相似或者更高级的生物。

乔尔丹诺·布鲁诺（Giordano Bruno）

《论无限、宇宙与世界》（*De l' Infinito Universo e Mondi*）

当来到楠塔基克岛时，他就有机会目睹那种用黑木做成的独木舟，这看起来就像他自己天然岛上丰富的斗木（war-wood）。经过询问，他得知所有死于楠塔基克岛的捕鲸人都被放置在那些相同的黑色独木舟中，这样放置的想法让他十分欢喜，因为这并不像他们自己种族的习俗，他们通常在对战死武士进行防腐处理后，再将尸体在其独木舟中伸展放置，然后，让他慢慢漂流到星光熠熠的群岛上。他们不仅仅相信星星是岛屿变成的，而且在远远超出了所有可见的视野范围之外，那些温和的连绵不断的海洋与蓝天连为一线，从而形成了银河系中白色的碎浪。

赫尔曼·麦尔维尔（Herman Melville），《白鲸》（*Moby Dick*）

我们有充分的理由相信，有许多像我们地球一样富含水的星球，每一个都为复杂的有机分子提供了慷慨的补充。那些星球也围绕着像太阳一样的恒星公转，太阳可以给它们提供数十亿年足以让生命产生并演化的环境。不过，在银河系中应该不会有那么多纷繁多样适合人类居住的世界吧？

卡尔·萨根（Carl Sagan），《寻找外星生命》

我开始疑惑，我们是否确实没有对生命的历史做出一个错误的假设。当我们得知人类很可能只是一系列意外和偶然事件的结果时，或许我们立即下了一个错误的结论，演化从来就不是渐进式的，任何动物的出现都不是可预见的。然而，只因为一件事情是不太可能的并不意味着所有的事情都是不太可能的。相反，正如任何一个保险推销员所告诉你的一样，一些事件比其他事件更可能或者更不可能发生。这就是为何我们需要购买汽车和房屋保险，而无须购买火山、流星或者恐怖主义风险保险。可能现在仅有一个人类种类，但是却有几千万个昆虫种类。就这一事实便向我们表明，昆虫是比其他生物更可能存在的生物了。

我还发现自己很疑惑生命在其他星球上存在的可能性和本质，正如乔尔丹诺·布鲁诺（Giordano Bruno）几个世纪前所想的一样。我越来越发现自己在思考着一个极其另类的想法：我们是否能够期待生命历史的某些方面在其他地方重复上演？我并不是要声称在其他星球上所发生的生命事件会遵循和地球上完全一样的模式，或者那里有许多类人生物存在的其他世界。许多现代科学家，最引人注目的是卡尔·萨根，主张其他星球上也存在着它们自己具高智商大脑的生物种族，许多人也认为这一假设是很貌似合理的，所以，天文学家在太空中不断扫描来自其他星球可能的无线电信号，数百万美国人深信外星人和飞碟的存在。然而对我来说，不仅像在我们地球上一样拥有高智商大脑的生物，必然在宇宙中是罕见的，而且那些小型节肢动物或昆虫状的生物也不太可能在其他地方存在。虽然，它们在我们的地球上已经发展出了几千万种。对每一个单独的星球来说，要想进化并大量产生智能生命就需要达到一个足够“幸运”的阶段，宇宙中当然存在着几百个或者可能是几十亿个从未达到过这个阶段的宜居星球，但它们却建立起了一个行星演化更可能的阶段：如果没有昆虫或一些类似东西的存在，那些充满了海洋、富氧大气层、森林和植物的世界就无法继续存在并多样化了。

让我们想想在地球生命演化发展的同时，围绕着类似于我们太阳公转的其他星球上可能正在发生着什么。天文学家已经确定了有生命存在行星的一些关键组成元素：碳、氧、水蒸气、铁、氨基酸，这些物质在宇宙中都是很丰富的。由于银河系中有数十亿颗像我们太阳这样的恒星，而且还有数以万亿个其他的银河系，每一颗都有几十亿颗恒星，其中有许多必然会与我们的太阳很相似，我们必然能推断：相似物质的聚集，在许多其他黄色恒星存在的地方可以凝聚为宜居的行星体系。

此外，通过观察地球上的生命是在我们的大气层发展后才开始迅速演化，行星充分冷却下来，充满液态水的海洋随之形成，以及流星陨落的最后撞击后，生命在相似的条件下以最简单的细菌形式在其他地方演化出现，这看起来是貌似合理的甚至是很可能的。这一观点被广泛地接受，并以多种方式遍及我们的科学文化之中。它为天文生物学提供了理性基础。我们向那些参与寻找外星生命的科学家提供了资助，虽然迄今为止还没有发现那样的生命，因为我们确实认为这是合理甚至是很可能的。这就是为何我们正在火星上搜寻微生物化石的证据，以及为何我们要在土星的卫星土卫六上调查生命活动过程的证据，土卫六是与古老地球的大气条件较为类似的星球。细菌生命在其他地方存在的合理性，也是大多数现代天文学入门书籍中包含有关生命化学起源章节的原因所在。

虽然天文学书籍会向你讲述单细胞生命是如何开始的，事实上，可能除了这一点外不会说明任何有关生命演化方向的问题了。对于那一方面你需要复习生物学教科书，然而他们将会讨论地球生命的历史，而通常不会提到其他地方存在生命的可能性。虽然如此，通过着眼于这一历史，我们或许能够推测许多关于外星生命存在的潜在形式。一个明显的结论是：单细胞生物或许不能随时随地迅速演化为多细胞生物。推测生命不会迅速发展复杂的最重要原因，是我们观察到地球上的细菌几十亿年以来一直保持着单细胞状态，而多细胞生物和快速代谢动物的出现，却花了三十多亿年的时间。这一缓慢的速度，显然没有体现出这一看起来不可避免的复杂性，而或许我们可以将它与恒星演化事件的缓慢步伐联系起来。一颗像我们的太阳一样的恒星，几十亿年来可能看起来都是恒定不变的，但由于一开始就是可预测的情况，最终它会迅速转变为一颗红巨星。因此，假设相似的类地化学条件存在于一个围绕相似密度恒星公转的类似行星上，我们就不得不假设外星生命形式可以演化出通过星光（它是宇宙中最大量且可预测的能量来源）分离水分子的能力，通过所释放的能量形成有机分子并产生游离氧。由于其本身的性质，光合作用生物可以在任何行星上改变大气条件。氧气与铁在海洋和岩石中发生反应直到形成稳定的化合物，一旦这一空气的产量超过与铁反应所需的量后，大气层就会发生变化并变得更加富氧。如果呼吸型多细胞动物的演化，其实是为了避免氧中毒的一种自然适应方式，那么多细胞形式的爆发，就是生理可预见过程中一个不可避免的结果。

认为氧气可能激发了多细胞生命复杂性和动物形式多样性的演化是一回事；认为它也能促进某一特定形式动物的出现就完全是另外一回事了：即节肢动物的出现，但那恰恰是我正在讨论的问题。有氧呼吸导致了更为迅速的新陈代谢作用，这促进了快速移动捕食者和更复杂生态食物网的演化。快速代谢需要逐步形成具关节连接、肌肉控制和骨骼结构的运动系统。骨骼系统要么分布于外部，要么在内部。我们看到的外骨骼是很容易由新陈代谢分泌的副产品产生的。寒武纪生物大爆发所产生的外骨骼主导形式并不仅仅是一种幸运，它们能够更有效地进行自卫，因此更有利于生存。如果我们能从地球上的昆虫中学到任何经验教训的话，应该就是这样一个简单的道理：小即是好。小型生物只需更少的资源就得以生存，它们能够占据更微小并日趋专业化的栖息地，由于具有较短的世代，它们比大型生物进化得更为迅速。因此，所要说的是节肢动物不仅是产氧寒武纪大爆发的一个可预见产物，而且也是随后时期里可预见的殖民者和幸存者。由于节肢动物是完成这些转变最为多样和适应性最强的生物，所以，它们占据了地球上的土壤、森林和天空。诸如小体型、翅膀和变态发育这些简单的特征，确保了昆虫比其他任何生物都更能成为良好的殖民者和幸存者，它们证明自己即便在最大的灾难性事件中都是具有复原性的，无论是大陆碰撞、全球气候变化、大规模火山活动或者是小行星撞击。基于以上所有原因，我相信小型节肢动物和似昆虫生物也是很可能会在其他星球上演化出现并存活下去的，只要存在生命生存的适合条件。

或许你会怀疑我的观点，那很好！怀疑的态度对科学思想来说是健康向上的。一些人可能觉得这根本就不科学，而只是一堆足不出户的推测。好吧，让我们将其作为一个科学假设来表达我的观点。我打算称其为虫虫宇宙假说，简单地说就是这样：生命的宇宙充满了虫子。我并不是预测其他星球的世界都像我们的地球一样满是昆虫：蝴蝶、蚂蚁、甲虫、蝇类等等。其他星球的生命或许会有任意数量的可能变化。这可能是基于完全不同于我们自己 DNA 的螺旋方式，或者是完全基于其他自我复制的分子，这或许演化出了多种多样的身体构造形式，但在任何生命可以由细菌演化为多细胞动物的星球上，以及似植物光合作用生物占领陆地的地方，最大量且多样的生命形式，应该是近似于节肢动物的那些小型外骨骼生物。它们或许拥有不同类型的身体分区、分节形式和腿肢数量，但毫无疑问它们会与节肢动物较为相像。

虫虫宇宙假说是可以验证的，而且已经通过了一项测试：这个星球从天文学角度上来观察可以说满是虫子。我们可以很容易去想象如果没有人类，或者甚至是没有哺乳动物和恐龙的话，地球上的生命可能发生演化的其他途径，但鉴于我们所理解地球的历史演变，很难去想象如果没有昆虫或似昆虫生物的话，陆地生态系统会如何发生演化。我还可以构思三个未来可能进行的测试。实际上，我们或许可以与外星高智商生命进行交流。假设它们是友好且健谈的，一旦我们学会了与它们沟通，我们就可以询问它们星球的环境条件，并学习了解外星生物学。我们也许还能发展出可以观察其他遥远行星环境的光学技术。目前，我们甚至无法看到那些行星，因此，相信有朝一日我们或许能够解决遥远距离的问题，以便能够清楚看到那里的植物和昆虫。此外，在我孩提时，没有人能够想象到我们会发明卫星，它由能够从外太空识别物体的光学器件构成。在我看来最大的可能性，就是我们或许能发现并漫游到其他的宜居行星上。我怀疑以《星际迷航》或是《星球大战》的方式去做是不可行的。这就是说我不太肯定，我们会发明出驱动器或超光速推进装置，或是一种超过或者解决光速的方法。但凭借现有的技术，我们能够设计出一种缓慢到达其他恒星的方法。星际旅行可能要花费很长时间，但人类或许可以通过低温冷冻装置穿过这一遥远的距离，或者直接发送可以进行研究并传回数据的机器人探测器。

有一句古话大概是这样说的，“只有当你瞄准了目标你才能击中它”。我们已经证明，从一个遥远的距离使用光谱分析和红外摄影这些简单的方法，我们就能够探测出维持生命生存的星球，对我来说似乎这些方法将会持续让我们能够搜寻有生命踪迹的行星[①]。如果天文学家（和植物学家）发现植物可能在其他地方存在的事实是合理的，我们建造了配备有遥感传感器的太空飞船来监测叶绿素的存在，那么，为何我们不应该认

①我们已经设计出了空间遥感探测器，能够发现适合生命居住的环境。其中一个探测器伽利略（Galileo）太空飞船在到达它的目的地朱庇特（Jupiter）之前，曾回传给地球一些图片，它的仪器正是指向我们的地球。从外太空一个遥远的有利位置，通过光谱分析和远红外拍摄技术，我们能够在地球上探测出三个明显的生命指标。首先，富氧大气的存在完全有利于光合作用生命的存在，因为，我们不知道任何能够允许氧气富集至如此异常水平（地球大气的氧含量接近 21%）的非生命过程。它还暗示有氧呼吸动物存在的可能性，它们建立了接近那一水平的氧含量（通过消耗）；其次，广泛对于特定波长光的吸收作用，产生了我们所知道的唯一一种物质：植物中的叶绿素；再次，大气中的微量甲烷气体是特别有趣的，因为这种气体在氧气存在的情况下是不稳定的：它会氧化为二氧化碳和水。它的存在表明由生物产生了稳定的甲烷产量：比如细菌、社会性昆虫和后来的人类。

为其他行星可能拥有高度多样化的类节肢动物和类昆虫的生物也是合理的呢？叶绿素在整个大陆的存在，表明的不仅仅是其存在而更是植物广泛的多样性。作为一个生物学家我发现，不太能想象如此大范围分布的植物体系如何能够在缺乏与昆虫，或者是类似的节肢动物进行生态交流的情况下发生演化。毕竟，节肢动物会影响土质和营养循环，正如我们所看到的，它们也通过授粉、种子传播和食草作用提升了植物的多样性。植物对一个行星的殖民并不只是一个单独的过程，而是一个由土壤微生物、真菌和各种小型动物，尤其是昆虫组成的涉及协同演化的共生关系。

虽然，我的虫虫宇宙假说违背了许多我从前接受的知识，但很快我就发现它是令人叹服的。夜晚当我仰望星空时，我开始看到昆虫并怀疑它们是否真的生活在其他行星上。当观察着天空中的星座，我与那些古人一样看到了许多节肢动物，并把天蝎座想象为蝎子，把巨蟹座想象为螃蟹。北斗七星看起来很像一只长尾巴的胡蜂，天龙座（Draco the Dragon）很像一只马陆。金牛座就像一只顶着长角的甲虫，双子座可能就是天蚕蛾的眼斑。在这些时刻，我有时会回想起生物学家霍尔丹（J.B.S.Haldane），当被问到“就来自他创作的一项研究中关于造物者的本质而论，可以得出什么样的结论”时，据报道他是这么回答的：“对甲虫极度的喜爱。”[①] 几十年来，演化生物学家都把他的这一回应作为一件诙谐的逸闻看待，但我认为，我们应该严肃对待并思考为何有如此多

① 霍尔丹引用了伊芙林·哈钦森（Evelyn G. Hutchinson）的论述，《向圣罗萨莉亚致敬，或为何有如此多种类的动物？》《美国博物学家》（*American Natralist*）93（1959）：146。然而，哈钦森提到“一个故事，可能是虚构的”。霍尔丹在他的书《生命是什么》中做了一个类似的陈述：“造物主似乎为恒星赋予了一种激情，另一方面，为甲虫赋予了一些别的东西”（约翰·布尔顿·桑德森·霍尔丹，《生命是什么？门外汉对于大自然的看法》[伦敦：德拉蒙德（L. Drummond），1949，258]）。

的昆虫存在。如果，你处于一大堆相信这样的或那样创世纪故事的人群中，你仍然需要使你的想法与霍尔丹令人信服的观察即地球上满是昆虫保持一致。如果上帝让地球挤满虫子，那么这么做就必然有一个原因。我不得不下一个这样的结论，以他的无限智慧，他也会让另一个行星满是虫虫的。

或许我们永远不会在其他地方发现生命。又或者，仅仅是有可能，有一天我们会探测到另一个具有各种潜在生命迹象的行星系统。或许我们将设计一艘宇宙飞船并驶往那个遥远的陆地。我不确定这将会在什么时候或者是否真的会发生，但如果真的发生的话，我希望我的信息可以最终送达建造那艘飞船的人们手中。我并不是要求他们相信我。我只是希望他们考虑一下我的想法是否有些道理的，因为最后，我的要求很简单：无论你是谁，请不要忘了带上一张网、几只广口瓶和一些塑料袋。这些物品不会占用太大空间，与这趟旅行的花费相比也实在是微乎其微。我只是有种感觉：你会需要它们。因为，我觉得这些简单的物品在我们满是虫虫的地球真的十分有用。

致谢

所以 以我最快的速度

我追逐着我的网

然后我说道 有了我的网

我就确定我可以抓住它们了

我打赌 只要用我的网

我还可以得到那些东西

苏斯博士（D R. Seuss），《戴帽子的猫》（*The Cat in the Hat*）

当我四岁的时候，哥哥特德给了我一张自制的捕蝶网。自从那时候起，我就完全迷上了昆虫。我记得最早时是拿着我的网、一个空的玻璃罐以及来自苏斯博士“还要得到那些东西！”的热情，在底特律的法戈公园（Fargo Park）追逐昆虫。那是有关昆虫科学最伟大的一件事情：你无须太多的装备就可以开始。50年后，我成为一名昆虫学教授和昆虫博物馆的馆长。我已经发现并命名了来自全世界29个国家的162个昆虫新种。我已经很幸运能够在自己的职业生涯中从事自己一生最喜爱的东西，但我认识到这与长期以来各界人士对我的支持和培养是分不开的。

与刚开始撰写本书时我预期要花费的时间相比，这本书实际上花了我更长的时间。我遇到了几点写作障碍，并花费了很多时间去思量各个部分。我想对哈罗德·格林（Harold Greeney）表达我真诚的感谢，他是亚那亚库生物研究站和创意研究学院的创始人，我也要感谢里诺市（Reno）内华达大学的李·戴尔（Lee Dyer）教授和梅萨州立学院的汤姆·瓦拉（Tom Walla）教授，是他们开启了介绍我前往厄瓜多尔亚那亚库的研究计划。亚那亚库为我提供了完成这本书所需要的生物学灵感和新鲜的空气。

我要对怀俄明大学荣誉项目（UW Honors Program）的主管邓肯·哈里斯（Duncan Harris）教授表达我深深的谢意，是他鼓励我去执教3门独立研究课程：昆虫宇宙学、生命宇宙学和厄瓜多尔云林生态学。教授这3门课程，使得我拟定出这本书的思路并给予我机会把这些想法规划得更为清楚明确。尤其是他允许我教授昆虫宇宙学，而不是简单提醒我这样一个课程并不存在，我欠了哈里斯教授一个很大的人情。

这本书的研究是由怀俄明美国宇航局空间项目联盟，美国宇航局项目#NGT-40102和怀俄明美国宇航局促进竞争性研究实验计划项目（NASA EPSCoR NASA Grant）#NCC5-578部分资助的。我的科研经费来自美国国家科学基金会（National Science Foundation），“厄瓜多尔安第斯山东部的毛虫和拟寄生生物”，这让我有机会去研究、思考和撰写安第斯山高地的相关生物。

多年来，我在这里所表达的想法已经在我所教授的几门课程中被发展、讨论和进一步改善了，尤其是在生命宇宙学、昆虫生物学、昆虫分类学、昆虫演化学、水生昆虫学、生物多样性和热带生态学中。有数百名学生参加了我的讲座，我十分感谢他们在这一趟旅途中的耐心、兴趣和洞察力。我特别希望感谢萨明·达德拉伊（Samin Dadelahi）、珍·多诺万（Jen Donovan）、奥利瓦·恩奎斯特（Oliva Engkvist）和尼娜·孜塔尼（Nina Zitani）对于我所提出的观点进行独特且深思熟虑的讨论，更重要的是他们还鼓励我坚持把这本书写下去。尼娜和珍是首先一页页阅读我手稿的人，虽然与那些早期的初稿有了很大的改变，但这本书的最终版本正是由于他们对这个项目细节的关注和热情进行了很大改进。

我要感谢我的长兄特德给了我第一张昆虫网并将他的望远镜借给我；我要感谢我的父亲爱德华·肖（Edward B.Shaw）为我设计了更大更好的昆虫网，并为我收集了多如星星般的昆虫；我感谢我的母亲维斯塔（Vesta）允许我与玻璃罐、有毒化学物质一同玩耍，尤其是让我把活虫子带进家里；我要感谢我的兄弟蒂姆（Tim）和叔叔劳伦斯·麦凯（Lawrence McKay）介绍我了解科幻小说的类型，并启发我将科学带入公众领域。

当我 1973 年开始在密歇根州立大学学习时，我的第一个正式专业是天体物理学。我研究的是天文学并学习了恒星演化、恒星的生命与消亡。但最终还是我童年对昆虫的兴趣胜出了，于是，我就将我的专业转向了昆虫学。罗兰·费舍尔（Roland Fisher）教授通过他极富感染力的讲座重新点燃了我对昆虫的兴趣，他让我知道了在我将来的职业生涯中究竟想做些什么。费雷德·斯特尔（Fred Stehr）和里奇·梅里特（Rich Merritt）教授非常有助于推动我对昆虫研究的热情。在我的研究生学习中，马里兰大学的查尔斯·米特（Charles Mitter）教授教会我不要仅满足于一个学科的学习。当1984年到1989年在哈佛大学求学期间，一些个人也是对我很有影响力的。我希望感谢爱德华·威尔逊（Edward O.Wilson）教授激励我去研究社会性昆虫和热带生态系统，以及加深我对地球生物多样性的了解。他向我展示了要成为一个成功的作家所需要的决心和毅力，并帮助我度过了困难的时期。他还为我提供了写作和出版中具有启发性的建议，没有这些建议我恐怕不会有足够的力量、方向或者目标来完成这本书。威尔逊教授是一位真正的绅士和学者。荣誉退职的弗兰克·卡彭特（Frank Carpenter）教授也是极具启发性的并引导我研究了昆虫化石，他给予我众多的昆虫化石照片，让我可以去教授有关昆虫演化学方面的第一门课程。在哈佛大学时我还参加了史蒂芬·古尔德（Stephen Jay Gould）教授的许多讲座，并阅读了一些他颇受欢迎的自然历史书籍。他深刻影响了我的世界观和教学方式，并比以往很多时候都更好地证明了科学与公众居然能够如此热情地联系在一起。

我希望感谢怀俄明大学的格雷格·布朗（Greg K. Brown）、罗恩·坎通纳（Ron Canterna）、马克·莱福德（Mark Lyford）和特里·罗克（Terry Roark）教授们所给予的知识、建议、书籍、信息、评论和鼓励；我还想感谢怀俄明大学浆果生物多样性保护中心的主管卡洛斯·马丁内斯·德里奥（Carlos Martinez del Rio）资助了彩页部分的花销；我十分感谢道尼陶·勃兰特（Danita Brandt）博士（密歇根州立大学，地球科学学院，古无脊椎动物学）在第二章中深思熟虑的专业技术和编者按语，她还大度地允许我在第二章中概述她的研究成果；康拉德·拉班德拉（Conrad Labandeira）博士（史密森尼学会）和迈克尔·恩格尔（Michael Engel）

博士（堪萨斯大学）都详细阅读了第五章并给出了许多有益的意见；道格拉斯·欧文（Douglas H. Erwin）博士（史密森尼学会）阅读了第六章，而这一章也在很大程度上依赖于他在这一领域开创性的研究；布兰登·德雷克（Brandon Drake）仔细校对了第八章，并有助于我对恐龙做出更加精确的描述。

我要感谢以下人士为我慷慨地提供了现生昆虫和其他节肢动物的照片：詹妮弗·多诺万－斯顿普（Jennifer Donovan-Stump）（纽约切尼特中学），贾尼斯·迪格瑞－鲁克斯（Janice Edgerly-Rooks）博士（加利福尼亚圣克拉拉大学），安迪·库里考斯基（Andy Kulikowski）（怀俄明州托灵顿市），凯文·墨菲（Kevin Murphy）（爱尔兰威斯浦 [Westport]，爱尔兰野生动物摄影师），西田健二（Kenji Nishida）（哥斯达黎加蒙特维德 [Monterverde]），安吉拉·奥克斯纳（Angela Ochsner）（怀俄明州托灵顿市），大卫·里斯（David E. Rees）（马里拉大学帕克分校）。琥珀中的昆虫照片是由文森特·佩林乔特（Vincent Perrichot）博士（法国雷恩大学）和乔治·小波因纳尔（George Poinar Jr.）博士（俄勒冈州科瓦利斯市）友情提供的。以下人士在让我获得允许发表昆虫化石图片方面给予了帮助：奥利维尔·比苏克斯（Olivier Bethoux）博士和奥黑莉·鲁（Aurélie Roux）（法国巴黎自然历史博物馆），布莱恩·法雷尔（Brian Farrell）博士、菲利普·珀金斯（Philip Perkins）博士、艾米·琼斯（Amie Jones）和凯瑟琳·韦赛尔（Catherine Weisel）（马萨诸塞州堪布里奇市哈佛大学比较动物学博物馆）。马琳·卡斯滕斯（Marlene L.Carstens）（怀俄明大学图片社）协助了黑白底片制作成数字图像的工作。我的研究生助手赫尔穆特·阿吉雷（Helmuth Aguirre）友好地帮助我把图片排成图版。

我尤其要感谢哥斯达黎加大学的保罗·汉森（Paul E.Hanson）教授多年来的友谊，以及对前往拉·塞尔瓦（La Selva）生物研究站和圣拉蒙生物保护区沿途安排的友好协助，这些地方为这本书提供了部分灵感。保罗，你帮我在热带雨林中“把脚弄得湿透了”，对此我深表感谢。

让我感激不尽的就是芝加哥大学出版社的编辑克里斯多夫·钟（Christopher Chung），他看到了我写作的优点并耐心地与我合作，为我提供深思熟虑且详细的评审意见，并帮助我把这庞杂的手稿改造为更加顺畅且非常值得一读的好书。所有我的读者都将从克里斯多夫的眼力和努力工作中获益良多。玛丽·吉尔（Mary Gehl）为我的终稿进行了审稿并提出了许多具有深刻见解的意见和修改要求。

我感谢史蒂芬·金（Stephen King）所发表的关于时空旅行的想法以及其写作方式；我感谢简·奥埃尔（Jane Auel）就其作为一个作家的历史而在怀俄明大学进行的具有启发性的讲座。许多有思想深度的人们为我提供了许多灵感、有益的建议、信息和更正。任何还存在的错误都是我自己造成的。

我希望这本书能激发新一代的虫虫猎人，就像当初我的第一个捕虫网向我灌输的热情一样。

最后，我希望感谢我的妻子玛里琳和我的儿子马修和迈克。和一个衰老的、令人心烦意乱且恍惚的昆虫学教授一同生活，实在不是一件容易的事情。有时当我正试着弄明白地球的历史时，我发现在餐桌前是很难集中注意力的。你们的爱和支持在这一过程中就显得极其重要了，对此我真的是万分感激。

出 品 人：许　永
责任编辑：许宗华
特约编辑：海　云
责任校对：雷存卿
版权编辑：杨　博
装帧设计：海　云
版式设计：单春丽
责任印制：梁建国　朱丽珍
发行总监：田峰峥

投稿信箱：cmsdbj@163.com
发　　行：北京创美汇品图书有限公司
发行热线：010-53017389　59799930

创美工厂
微信公众平台

创美工厂
官方微博